国家出版基金项目
NATIONAL PUBLICATION FOUNDATION

国家无障碍战略研究与应用丛书（第一辑）

无障碍与校园环境

邵磊 等 著

辽宁人民出版社

图书在版编目（CIP）数据

无障碍与校园环境 / 邵磊等著. —沈阳：辽宁人
民出版社，2019.6
（国家无障碍战略研究与应用丛书. 第一辑）
ISBN 978-7-205-09678-6

Ⅰ.①无… Ⅱ.①邵… Ⅲ.①残疾人—校园规划—环
境设计—研究 Ⅳ.①TU244.3

中国版本图书馆 CIP 数据核字（2019）第 140262 号

出版发行：辽宁人民出版社
　　　　　地址：沈阳市和平区十一纬路 25 号　邮编：110003
　　　　　电话：024-23284321（邮　购）　024-23284324（发行部）
　　　　　传真：024-23284191（发行部）　024-23284304（办公室）
　　　　　http://www.lnpph.com.cn
印　　刷：辽宁新华印务有限公司
幅面尺寸：170mm×240mm
印　　张：14.25
字　　数：220千字
出版时间：2019 年 6 月第 1 版
印刷时间：2019 年 6 月第 1 次印刷
特约编辑：艾　诚
责任编辑：陈　兴　郭　健　赵学良
装帧设计：留白文化
责任校对：赵卫红
书　　号：ISBN 978-7-205-09678-6
定　　价：78.00元

总　序

何毅亭

目前，我国直接的障碍人群有 1.25 亿，包括 8500 多万残疾人和 4000 万失能半失能的老年人。如果把 2.41 亿 60 岁以上的老年人这些潜在的障碍人群都算上，障碍人群是一个涵盖面更宽的广大群体。因此，无障碍建设是一项重大的民生工程，是我国社会建设的重要课题，也是我国社会主义物质文明和精神文明建设一个基本标志。毫无疑义，研究无障碍战略和无障碍建设具有十分重要的意义。

在中国残联的关心支持下，在中央党校、中国科学院、清华大学等各方面机构的学者和无障碍领域众多专家努力下，《国家无障碍战略研究与应用丛书》（第一辑）付梓出版了。这是我国第一部有关无障碍战略与应用研究方面的丛书，是一部有高度、有深度、有温度的无障碍领域的研究指南，具有开创性意义，必将对我国无障碍建设产生深远影响。

这部丛书将无障碍建设的研究提升到国家战略层面，立足新时代，展望新愿景，提出了新战略。党的十九大确认我国社会主要矛盾已经转化为人民日益增长的美好生活需要和不平衡不充分的发展之间的矛盾。我国社会主要矛盾的转化，反映了我国经济社会发展的巨大进步，反映了人民群众的新期待，也反映了发展的阶段性特征。新时代，一定要着力解决好发展不平衡不充分问题，更好满足人民在经济、政治、文化、社会、生态、公共服务等各方面日益增长的需要，更好推动人的全面发展和社会全面进步。无障碍建设是新时代人民群众愿景的重要方面。中央党校高端智库项目将无障碍建设作

何毅亭　第十三届全国人民代表大会社会建设委员会主任委员，中央党校（国家行政学院）分管日常工作的副校（院）长。

为重要战略课题进行研究，系统论述了无障碍建设的国家战略，提出了无障碍建设目标体系以及实施路径和机制，将十九大战略目标在无障碍领域具体化，成为本套丛书的开篇，体现了国家高端智库的应有作用。

这部丛书汇聚各个机构专家学者的知识和智慧，内容涉及无障碍领域的创新、建筑、交通、信息、文化、教育等领域，还涉及法律、市场、政策、社会组织等方面，体现了无障碍建设的广泛性和系统性。它既包括物理环境层面，也包括人文精神层面，还包括制度层面，是一个宏大的社会话题，涵盖国情与民生、经济与社会、科技与人文、创新与发展、国家治理和全球治理等重大问题。丛书为人们打开了一个大视野，从多领域、跨学科、综合性视角全面阐释了无障碍的理念与内涵，论述了相关理论与实践。丛书的内容说明，无障碍建设实际上是一个国家科技化、智能化、信息化水平的体现，是一个国家经济建设和社会建设水平的体现，也是一个国家硬实力和软实力的综合体现。它的推进，也将有助于推进我国的经济建设、社会建设、文化建设和制度建设，对于我国新时期创新转型发展将产生积极影响。

这部丛书立足于人文高度，体现了"以人民为中心"的要求，不仅从全球角度说明了无障碍的人道主义内涵，而且进一步论述了我国无障碍建设所体现的社会主义核心价值观内涵。丛书把无障碍环境作为国家人文精神的具象，从不同领域、不同方面阐述无障碍环境建设的具体措施，体现了对残疾人的关爱，对障碍人群的关爱，对人民的关爱。它提醒我们，残疾人乃至整个障碍人群是一个具有特殊困难的群体，需要格外关心、格外关注，整个社会应当对他们施以人道主义关怀，让他们与其他人一样能够安居乐业、衣食无忧，过上幸福美好的生活。这是我们党全心全意为人民服务宗旨的体现，是把我国建成富强民主文明和谐美丽的社会主义现代化强国，促进物质文明、政治文明、精神文明、社会文明、生态文明全面提升的体现。

这部丛书的出版，深化了对无障碍的认识，对于无障碍建设具有重要的指导意义，对于各级领导干部进一步理解国家战略和现代文明的广泛内涵也具有重要参考作用。丛书启迪人们关爱残疾人、关爱障碍人群，关爱自己和别人，积极参与无障碍事业。丛书启迪人们，无障碍不仅在社会领域为政府和社会组织提供了大有作为的空间，而且在经济领域也为企业提供了更大的发展空间。丛书还启迪人们，无障碍不仅关乎我国障碍人群的解放，而且关乎我们所有人的解放，是人的自由而全面发展的一个标志。

我国无障碍建设自 20 世纪 80 年代开始起步，从无到有，从点到面，逐步推开，取得了明显进展。无障碍环境建设法律法规、政策标准不断完善，城市无障碍建设深入展开，无障碍化基本格局初步形成。但是也要看到，我国无障碍环境建设还面临着许多亟待解决的困难和问题，全社会无障碍自觉意识和融入度有待进一步提高，无障碍设施建设、老旧改造、依法管理有待进一步加强，信息交流无障碍建设、无障碍人才队伍建设等都有待进一步强化。无障碍建设任重道远。

借《国家无障碍战略研究与应用丛书》（第一辑）出版的机会，我们期待有更多的仁人志士关注、参与、支持无障碍建设，期待更多的智库、更多的专家学者推出更多的无障碍研究成果，期待无障碍建设在我国创新发展中不断迈上历史新台阶。

2018 年 12 月 3 日

国家无障碍战略研究与应用丛书（第一辑）

顾 问

吕世明　段培君　庄惟敏

编者的话

　　《国家无障碍战略研究与应用丛书》（第一辑）历时三载，集国内数十位专家、学者的心血和智慧，终于付梓，与读者见面。

　　《丛书》以习近平新时代中国特色社会主义思想为指导，体现习近平总书记对残疾人事业格外关心、格外关注。2019 年 5 月 16 日，习近平总书记在第六次全国自强模范暨助残先进表彰大会上亲切会见了与会代表，勉励他们再接再厉，为推进我国残疾人事业发展再立新功。习近平总书记强调要重视无障碍环境建设，为《丛书》的出版指明了方向，提供了遵循；李克强总理 2018 年、2019 年连续两年在《政府工作报告》中提出"加强无障碍设施建设""支持无障碍环境建设"；韩正、王勇同志在代表党中央、国务院的讲话中指出"加强城乡无障碍环境建设，促进残疾人广泛参与、充分融合和全面发展"。

　　中国残联名誉主席邓朴方强调：无障碍环境建设是一个涉及社会文明进步和千家万户群众切身利益的大问题，我们的社会正在一步步现代化，要切实增强无障碍设计建设意识，认真推进无障碍标准，不断改善社会环境，把我们的社会建设得更文明、更美好。

　　中国残联主席张海迪阐释："自有人类，就有残疾人，就会有障碍存在。人类社会正是在不断消除障碍的过程中，才逐步取得文明进步。无障碍不仅仅是一个台阶、一条盲道，消除物理障碍固然重要，消除观念上的障碍更为重要。发展无障碍实际上是消除歧视，是尊重生命权利和尊严的充分体现。"

　　多年来，在各部门努力推进和社会各界支持参与下，我国无障碍环境建设取得了显著成就。《无障碍环境建设条例》实施力度不断加大，国民经济和社会发展"十三五"纲要及党中央关于加快残疾人小康进程、发展公共服务、文明建设、推进城镇化建设、加强养老业、信息化、旅游业发展等规划都明确提出加强无障碍环境建设和管理维护；住房和城乡建设部、工业和信息化部、教育部、公安部、交通运输部、国家互联网信息办、文化和旅游部、中国民航局、铁路总公司、中国残联、中国银行业协会等部委、单位、高校、科研机构制定实施了一系列加强无障碍环境建设的公共政策和标准，城乡和行业无障碍环境建设全面推进，社区、贫困重度残疾人家庭无障碍改造深入实施，无障碍理论研究与实践应用方兴未艾。大力推进无障碍环境建设，努力改善目前与经济社会发展不相适应，与广大残疾人、老年人等全体社会成员需求不相适应的现状，是新时代赋予的使命担当。

《丛书》是多年来我国无障碍环境建设实践和研究的总结，为进一步加强无障碍环境建设提出了理论思考建议并对推广应用提供了参考和借鉴。

《丛书》入选"十三五"国家重点图书出版规划和国家出版基金资助项目，是对《丛书》全体编创人员出版成果的高度肯定，充分体现了新时代国家对无障碍环境建设的关心、关注和支持，将进一步促进无障碍环境建设发展，助力我国无障碍事业迈向新阶段。

目 录

总 序……………………………………………………………… 何毅亭

编者的话……………………………………………………………… 001

第一章 校园无障碍环境……………………………………………… 001

　第一节 重新审视身心障碍 ……………………………………… 002

　第二节 无障碍与通用理念（Universal） ……………………… 003

　第三节 大学：实现通用无障碍的摇篮 ………………………… 007

　第四节 校园无障碍环境规划、设计的基本原则与方法 ……… 009

　第五节 制定校园无障碍环境技术要求 ………………………… 010

　第六节 国外校园无障碍环境新发展案例和清华大学校园无障碍
　　　　 环境建设探索 …………………………………………… 011

　第七节 推进校园无障碍环境建设的措施 ……………………… 012

　第八节 残障群体的参与：没有我们的参与就不要做有关我们的
　　　　 决定 ……………………………………………………… 013

　第九节 大学通用无障碍研究与无障碍领域未来发展 ………… 013

　附：《通用无障碍发展北京宣言》 ……………………………… 015

　无障碍小专栏一 非常无障碍沙龙·SRT项目 ………………… 018

第二章 无障碍发展历程……………………………………………… 021

　第一节 无障碍通用设计的基本理念和发展历程 ……………… 022

　　一、罗纳德·梅斯 Ronald l. Mace，1942—1998 …………… 022

　　二、通用设计中心 ……………………………………………… 023

　第二节 联合国《残疾人权利公约》的制定 …………………… 025

　第三节 源自北欧的"正常化"理念 …………………………… 026

第四节　国外无障碍相关法律体系 ……………………… 027

一、欧美各国关于无障碍和通用设计的研究 ………… 027

二、美国关于无障碍的法规 …………………………… 027

三、英国关于无障碍的法规 …………………………… 028

四、瑞典关于无障碍的法规 …………………………… 029

五、日本关于无障碍的法规 …………………………… 029

六、关于提供特殊交通服务 …………………………… 030

第五节　融合教育促进校园无障碍环境发展 …………… 031

一、融合教育的历史与现实 …………………………… 031

二、融合教育在中国的实践 …………………………… 032

三、融合教育的新课题 ………………………………… 032

第六节　国外校园无障碍新发展 ………………………… 033

一、来自女王大学的启示 ……………………………… 033

二、理念变革：实现校园无障碍的必经之路 ………… 034

无障碍小专栏二　校园无障碍学生组织 ………………… 037

第三章　校园无障碍环境规划、设计的基本原则与方法 …… 039

第一节　校园无障碍环境规划、设计的基本原则 ……… 040

一、开放包容，以人为本，分析涉及对象需求 ……… 040

二、谋求长远发展，编制校园无障碍环境系统规划 … 045

三、基于通用设计的理念，加强校园环境建设 ……… 045

四、因地制宜选择改造方式，为远期建设更新预留弹性 …… 046

五、根据轻重缓急，制订分步实施计划 ……………… 051

第二节　校园无障碍改造规划、设计的基本方法 ……… 053

一、通过问卷调查的方法，定量分析现状 …………… 053

二、对各类人群组织深入访谈，情景带入寻找改造重点 …… 060

三、详细调查物质空间，系统诊断改造可行性 ……… 062

四、编制连续可达的无障碍路径规划及导则 ………… 074

五、编制建筑功能单元无障碍环境改造导则 ………… 081

无障碍小专栏三　"逢棱必圆"的设计理念 …………… 087

第四章　无障碍校园环境建设的技术要求 …………………………… 089

　第一节　校园无障碍建设的目标 ………………………… 090

　　一、关于出行与移动自由的基本原则 ……………… 091

　　二、无障碍坡道 ……………………………………… 092

　　三、无障碍停车场 …………………………………… 094

　　四、建筑物的出入口 ………………………………… 095

　　五、建筑物的走廊 …………………………………… 095

　　六、扶手 ……………………………………………… 096

　　七、楼梯 ……………………………………………… 098

　　八、电梯 ……………………………………………… 098

　　九、自动扶梯和升降平台 …………………………… 099

　　十、缘石坡道 ………………………………………… 100

　　十一、盲道 …………………………………………… 101

　第二节　满足如厕等生理需求的无障碍技术要求 ……… 102

　　一、对无障碍卫生间的需求 ………………………… 102

　　二、合理布局校园内无障碍卫生间 ………………… 103

　　三、校园无障碍卫生间的合理设计 ………………… 103

　第三节　满足校园生活需求的无障碍技术要求 ………… 105

　　一、校园无障碍设计的两个基本原则 ……………… 106

　　二、校园无障碍宿舍或客房的设计 ………………… 106

　第四节　满足学习需求的无障碍技术要求 ……………… 111

　第五节　满足交流、运动需求的无障碍技术要求 ……… 113

　　一、轮椅座席 ………………………………………… 113

　　二、运动场所的更衣空间 …………………………… 113

　第六节　校园室外景观环境的无障碍技术要求 ………… 114

　　一、校园内园林景观小品的无障碍性能要求 ……… 115

　　二、校园内景观水景的无障碍要求 ………………… 115

　　三、校园内无障碍标识系统 ………………………… 116

　第七节　无障碍环境的效果验证 ………………………… 117

　无障碍小专栏四　卫生间出入口大门的设计 …………… 118

第五章 国外校园无障碍环境新发展 ………………………………… 121

第一节 哈佛大学 …………………………………………… 122
一、学校基本情况 ……………………………………… 122
二、无障碍校园特色 …………………………………… 123
三、总结 ………………………………………………… 127

第二节 东京大学 …………………………………………… 127
一、学校基本情况 ……………………………………… 127
二、无障碍校园特色 …………………………………… 128
三、总结 ………………………………………………… 134

第三节 剑桥大学 …………………………………………… 134
一、学校基本情况 ……………………………………… 134
二、无障碍校园特色 …………………………………… 134
三、总结 ………………………………………………… 144

第四节 牛津大学 …………………………………………… 144
一、学校基本情况 ……………………………………… 144
二、无障碍校园特色 …………………………………… 145
三、总结 ………………………………………………… 151

第五节 名古屋大学 ………………………………………… 152
一、学校基本情况 ……………………………………… 152
二、校园无障碍特色 …………………………………… 152
三、总结 ………………………………………………… 159

无障碍小专栏五 无障碍电梯 ……………………………… 160

第六章 清华大学校园无障碍环境建设探索 ………………………… 163

第一节 清华大学无障碍发展研究院与校园无障碍建设 …… 164
一、清华大学无障碍发展研究院 ……………………… 164
二、"包容与多样"无障碍发展国际学术大会 ………… 165

第二节 清华大学紫荆公寓卫生间无障碍改造 …………… 166
一、基本情况 …………………………………………… 166
二、卫生间无障碍改造的特色 ………………………… 167
三、总结 ………………………………………………… 175

第三节 校园无障碍服务亭 ································ 175

第四节 清华大学图书馆（西馆）卫生间无障碍改造 ······· 179

　　一、基本情况 ·· 179

　　二、图书馆卫生间无障碍改造特色 ················ 179

　　三、总结 ·· 181

第五节 清华大学苏世民书院：校园物质空间无障碍的典范 ··· 181

　　一、基本情况 ·· 181

　　二、苏世民书院无障碍环境特色 ···················· 181

　　三、结语 ·· 186

无障碍小专栏六 导盲犬进校园 ························· 187

第七章 校园无障碍环境建设的路径、课题与展望 ············ 189

第一节 宪法、教育法保障所有公民享有平等接受教育的
　　　　权利 ·· 190

第二节 国家相关法律法规保证了无障碍环境建设落地实施 ··· 191

第三节 校园无障碍环境建设的特点、课题和新发展 ······· 192

　　一、我国校园无障碍的发展历程 ···················· 192

　　二、校园无障碍环境建设的课题 ···················· 194

第四节 无障碍建设全国联动：全国无障碍机构圆桌会议 ····· 195

第五节 校园无障碍环境建设的发展策略和基本原则 ········ 200

第六节 校园无障碍环境建设展望 ······················· 201

无障碍小专栏七 无障·爱阳光天使儿童团 ············ 203

参考文献 ·· 205

后记 ··· 208

第一章

校园无障碍环境

当今世界，对无障碍的建成环境（Built Environment）、信息环境、设施设备以及与之相关的设计、生产、服务、消费等诸多环节呈现出越来越迫切和刚性的需求。这与后工业时代人类社会发展观念的转变、人口结构的变化、增长模式的转型、信息与生物技术突飞猛进、生活与生产方式的演变以及全球化与地域差距的冲突等因素直接相关。因此，解决这个矛盾的重要路径在于全社会共享新时代高质量发展的成就，就意味着要更加深刻且全面地理解、面对、包容人和社会的多样化本质，为保障每个社会成员得到充分尊重和平等发展而努力。

第一节　重新审视身心障碍

从身体缺陷到功能障碍，从满足基本生活需求到充分的社会参与和身心愉悦，人类面对自身的身心障碍以及导致的问题，在不断改变认识。

据世界残疾报告数据，20 世纪 70 年代，全球残疾率约为 10%，如今这个比例已经增长到约 15%，涉及的人口总量超过 10 亿人，其中近 2 亿（2%—4%）经受着相当严重的功能性障碍。

未来几十年，伴随着全球老龄化时代的到来，寿命延长带来的慢性疾病增加，全球残疾率将进一步上升，这将构成 21 世纪全球可持续发展的最重要社会问题之一。

在过去的认知中，提及行动和感知障碍人群往往首先指向占全国约 14 亿总人口的 6% 的 8500 万残疾人。然而，如果认同人与社会的多样性，每个人在生命周期中都会因为年龄、性别、伤病甚至文化等因素遇到看得到的，或者看不到的身心障碍、交流障碍等问题，其中那些表面上察觉不到的障碍，往往会带来更大的困扰和痛苦。更进一步的，国际社会已经在广泛讨论并逐渐认同由于基因和遗传等因素带来的神经多样性（Neurodiversity），以及由此导致的差异，包括运动、计算、情感障碍、注意缺陷多动障碍、自闭症谱系综合征等被看作是人的多样性的体现，这导致讨论残疾相关的范式（Paradigm）发生了变化。

从需求维度来看，以老龄化带来的挑战为例，未来 10 年中国社会将进入重度老龄化状态，未富先老、未备先老、独子化家庭导致的失能老人照料的困境将会越发严峻。日本当前 1.2 亿人口，不同程度的老年认知障碍患者约有 400 万，以日本的状况粗略类比，意味着在未来中国老人寿命不断增加的前提下，将会出现约 4000 万的认知障碍患者，无论是财力还是人力，长期照料负担将会非常高昂。因此提升健康老龄化水准，更积极地进行健康管理和人居环境建设将是必然选择。诸多挑战的聚集，都迫切要求重新反思过去在环境、信息、产业、服务等领域的发展范式，以通用无障碍发展的范式为基本原则，大幅度提升社会韧性（Resilience）和包容性（Inclusion），这是确保未来几十年可持续的新型城镇化、健康老龄化、社会创新、产业优化升级转型等核心发展诉求中不可或缺的基础。

第二节　无障碍与通用理念（Universal）

2006 年，联合国通过的《残疾人权利公约》，那些长期存在身体、心理、智力或感官缺陷的残疾人，由于各种障碍相互作用，会妨碍他们与其他人在平等的基础上充分、有效地参与社会。[1]将残疾观从原来的"个体残

---

[1] Persons with disabilities include those who have long-term physical, mental, intellectual or sensory impairments which in interaction with various barriers may hinder their full and effective participation in society on an equal basis with others. (Article 1, Convention on the Rights of Persons with Disability)

缺""医疗模式"的认识提升到残障的"社会模式",整个社会通过消除知识、信息和环境的障碍,使残障人可以平等自主地参与社会事务、工作和生活,实现个人价值。在形成上述共识的过程中,全球范围内关于无障碍发展理念也发生了一些变化,比如近几十年出现了通用设计(Universal Design)、包容性设计(Inclusive Design)、为所有人的设计(Design for All)、正常化(Normalization)、有利环境(Enabling Environment)、共生社会等概念。从历史的角度,"残疾"本身就是一个演变中的概念,"无障碍"的内涵和外延更是伴随着社会发展不断发生着变化。平等、参与、共享逐渐成为国际共识,包括联合国在内的国际社会不断通过立法手段强化残障人士各种权益的保障,在我国都写入了宪法之中。

在英文语境中,无障碍(Barrier Free)与通用设计(Universal Design)代表着不同历史阶段观念的差异。20 世纪 30 年代,北欧国家开始兴建残疾人专用设施,消除物质空间环境中的障碍,"无障碍设计"开始萌芽。之后,美国、英国也开始大力推动空间环境的无障碍,至今世界上有 100 多个国家和地区颁布了无障碍设计法规与标准。随着各国无障碍建设的不断完善,无障碍建设不再是仅仅为了残障人群的特殊关照——1975 年在"国际康复论坛"中,提出了"不仅对特殊群体,对老年人和滞后于主流社会的人群都应给予关照"的观点,即以"面向所有人"这一理念为基础。1987 年美国肢体残障设计师罗纳德·梅斯(Ronald Mace)提出通用设计的概念,强调以人为本,产品设计、环境、项目和服务可以最大限度地被所有人使用,无须再进行专门改造和设计。通用设计的理念为国际社会广泛认同和采纳。中文"无障碍"一词并非某个英文单词的简单直译,也并无广义、狭义之分。Barrier-free,在我国官方文件和学术研究中,被翻译成"无障碍","无障碍"既代表了物质空间环境的无障碍,又代表了在空间、信息、服务等领域的可达性或无障碍(Accessibility)。当然,囿于"无障碍"问题针对残疾人尤为突出,在我国提及"无障碍",大家也往往认为是涉及残疾人的专门领域,这就是为什么在今天的发展中强调无障碍通用普适性的原因。

近年来多国将通用设计作为建设无障碍环境的标准与路径。新加坡从2006 年起推行为期 10 年的无障碍总体规划(Accessibility Master Plan to Create a User-friendly Built Environment)以提高无障碍水平和通用设计的使用。日本在 2017 年 2 月 20 日发布了《通用设计 2020 行动计划》[①]，其中一个行动计划是希望通过举办 2020 年奥运会和残奥会，建设人人都能安全舒适行动的通用设计街区。2016 年世界旅游日，时任联合国秘书长潘基文强调了通用无障碍（Universal Accessibility）对实现人类社会共同繁荣与和平的重要意义。

2018 年清华大学"包容与多样——无障碍发展趋势国际学术大会"发布了《通用无障碍北京宣言》，进一步阐释了无障碍对所有社会成员的通用普适意义，宣言立足于中国国情，以所有人的"最大公约数"理念将通用无障碍作为发展的范式。在人居环境、信息环境与相关服务中，通过建立共识、完善制度、科技创新、公众参与实现无障碍的通用普适目标。

通用无障碍核心价值在于"用户中心"（User-centered），实现通用无障碍的路径在于充分的参与过程，法律制度是实现无障碍基本标准的有力保障。可以比较形象地概括为"法律之牙""通用之道""参与之法"，分别代表了"术、道、径"三者关系。[②]

通用无障碍是一个具有高度包容性的用语，主要有如下特点：

1. 通用无障碍是不断螺旋上升的过程

长期以来保障无障碍建设的重点是立法、法规和标准化，其主要目的是为满足不同的用户群体需求制定的最低遵守标准。通用无障碍设计核心点在于满足无障碍底线要求的基础上，更好地通过设计创新、技术创新、服务创新满足所有使用者的无障碍需求。用户、需求、市场与技术都会发生变化，通用设计有明确的原则、方法与评价标准，但并没有固化的技术规格，设计是在使用者和市场互动中，不断反馈需求、不断调整、不断创新的螺旋上升过程。

2. 包容社会成为通用的出发点

以前更注重解决物理环境的障碍，如轮椅使用者的坡道和盲人的盲道，现在对通用设计的理解已经扩展为更人性的服务，如让残障人群进电影院看电影、乘坐火车和飞机出行或旅游。这一趋势也与现在越来越注重"用户体验"相符合，创新服务和设计服务融合将是未来一种重要的工作方法，通用无障碍的创新应该基于问题出发，以提升用户需求和服务质量为设计目的，

① https://www.kantei.go.jp/jp/singi/tokyo2020_suishin_honbu/ud2020kkkaigi/
② 邵磊. 通用无障碍发展的理念与挑战 [J]. 残疾人研究，2018，（4）.

通过解决用户的问题和改善用户体验的方式来创造使用价值，从而实现不断的优化和应用。

3. 通用无障碍是可持续发展目标的重要内涵

2015 年 9 月 25 日，在联合国可持续发展峰会上，193 个成员国正式通过 17 个可持续发展目标。面对复杂的社会、经济和环境问题，所有社会成员的参与、努力是实现可持续目标的核心动力。在过去，政府和公众可能认为仅为少数人群建设的无障碍是特殊的事情，随着全球老龄化加剧和慢性病人群的增加，许多国家已经认识到通用无障碍环境在未来发展的重要性和紧迫性，除了可以提前应对多样化障碍人群对环境的要求，更有助于每个人平等参与社会和实现可持续发展，构建包容性社会能带来整体社会的高质量发展和增长，所以针对通用设计的投资具有经济和社会双重意义。

当前，我国社会在以无障碍为基本范式推动人居环境与公共服务发展方面，还面临很多挑战，在应对社会经济发展水平差距、无障碍相关科学问题和科学规律的基础研究、法律法规和政策的完善、落地实施的精度和质量、专门人才和理念的培养与传播等方面都需要探索符合国情、具有中国特色的道路。我们面临的问题可以简要概括为以下几个方面：

1. 认识落后

《通用无障碍发展北京宣言》就是在重申以《联合国残疾人权利公约》为代表的一系列国际社会努力的基础上，将通用无障碍发展范式和 21 世纪可持续发展（以联合国 17 项可持续发展目标为代表）、建设所有人的包容性城市（以联合国人居三会议《新城市议程》为代表）以及充分认识无障碍概念的动态性、问题的多样性、时代性、差异性等重要理念的关系进行了阐释。通用无障碍的发展已经不局限于历史上"建筑可达"的概念，而是和当今世界最重要的发展议题和目标血脉相连，无论是从政府治理，还是从市场生产消费，抑或从社会自治，通用无障碍都是基本原则。

2. 基础研究薄弱

对通用无障碍的深入理解，必须建立在对中国问题、中国需求、中国模式的广泛细致的研究基础上。当前我国无障碍领域发展突飞猛进，但这仅仅是一个从洼地到平地的过程，借鉴了大量发达国家和地区过去几十年的成果。如果从世界眼光、国际标准、中国特色的角度，实现通用无障碍发展从平地到高原，甚至耸立起高峰，仅仅靠"拿来主义"无以为继。当前对于不同群体的需求所开展的实证性深入研究非常匮乏，对中国国情下用户的多样化、个性化缺乏细致的了解和认识，也缺乏讨论和争鸣。基础研究的薄弱直接导致在设计、技术创新与生产等环节，对通用无障碍发展支持的不足，甚至大量出现违反无障碍原则的例子。

3. 信息无障碍严重落后

中国已经成为全球第一互联网大国，不仅拥有最多的用户，在技术上也位居前列，尤其是在移动端的社交、电商、金融等方面，比很多发达国家都遥遥领先，未来数字城市、智慧城市的发展，更是让绝大多数社会生活都以网络为基本载体。然而即便如此，面向信息获取、传输、加工、利用的平等，即信息无障碍却严重发育不良，即便是国家部委网站有相当一部分也没有采用无障碍辅助技术。国内还没有因此产生诉讼的案件。但在 2017 年的美国，仅仅关于公共网站未能按照 WCAG 2.0AA 标准建设，保证公平使用的联邦诉讼案件就多达 814 起。

第三节　大学：实现通用无障碍的摇篮

从儿童时代到青年，教育与成长离不开校园；大学毕业走出校园，也仍然需要更新知识，接受再教育，经常重返校园；即使年过半百，老有所学、老有所为，银发一族和校园的关系也越发紧密。在今天以科学技术创新为代表的社会发展浪潮中，校园作为知识生产、传播、分享最重要的教育基地，是全社会所有群体的最大公约数。

然而，在面对所有人提供平等的教育与工作环境的共识下，当前的校园还有很多需要改进和完善的地方。听力有障碍的师生能否听得清？视力有障碍的师生能否及时获取信息？行动不便的师生能否畅行无阻？孕育着小生命的女性教工是否能安全方便地开展工作？需要临时看护婴儿的年轻妈妈是否有合适的场所？外国留学生的语言障碍和生活习俗是否充分考虑？甚至还有很多看不到的或者不愿意为他人知晓的不方便导致学习和工作中的困扰。所有上述问题，其实不仅仅涉及残障人，对健全人而言，无论性别和年龄，都有可能因为环境设计或者服务考虑不周到，遇到这样那样的障碍。如何进一步提升我们的校园环境质量，更加以人为本地考虑不同人群的学习、工作和生活需要，这就是当前开展校园无障碍研究与建设的目的。

当前我们研究校园无障碍就是在上述理念背景下展开的，因此，无障碍的校园实际上就是消除障碍，更加通用、包容的校园。为达成这个目标，本书首先对无障碍的发展历程与演变进行了梳理和回顾。纵观国际社会残疾人权利运动的历史，独立生活、平等就业、融合教育、消除一切歧视、虐待、忽视以及其他类型的妨碍，这些无一能离开法律的强化。以美国为例，从20世纪60年代的民权运动（Civil Rights Movement）和以埃德·罗伯茨（Ed Roberts）为标志性人物的加州伯克利的独立生活运动（Independent Living Movement）不仅促成了以独立生活中心（Center for Independent Living）、世界残疾研究院（World Institute for Disability）等大量社会组织的诞生，更重要的是推动了1973年康复法案504条款（Section 504 Rehabilitation Act）的设立，这是美国有史以来第一次以立法形式消除对残疾人的歧视，因此产生了巨大的效应——围绕504条款的诸多诉讼和运动，为上世纪80年代美国残疾人法案（Americans with Disability Act, ADA）草案的提出奠定了决定性基础。

上世纪90年代，美国形成了以《美国残疾人法》《住房公平法》（Fair House Act, FHA）《残疾儿童教育法》（Education for Handicapped Children's Act, EHCA）为基础的残疾人权利保护法律框架。

本书所讨论的无障碍校园环境问题都是在践行无障碍理论先驱们的研究成果，而实际上无障碍理论的主要先驱们都与学校有着千丝万缕的联系，甚至可以说大学就是催生"通用设计"和"通用无障碍"的摇篮。

第四节 校园无障碍环境规划、设计的基本原则与方法

本书通过科学规范的手法，结合校园无障碍环境调研的实施，提炼总结出一系列校园无障碍环境规划、设计的基本原则与方法。

无障碍的评价是一个系统性问题，纵向包括了从宏观规划布局到微观层面，诸如扶手、拉手这样的建筑部品；横向包括了不同的领域，如空间、信息、标识、管理、服务等方面。因此，对校园无障碍的诊断应当从局部与整体的关系、硬件和软件的结合、保基本和提质量的差异等方面，进行全面的校园空间、建筑环境、设施设备、维护状况、管理与服务水平等现状评估。我们尝试重点思考以下三个问题，借以厘清校园无障碍环境规划、设计的基本路径。

（一）如何确定校园的无障碍需求

校园无障碍的需求首先来自相关领域的国家或地方标准和技术规范，在新建改建的过程中，应当根据最新的国家或地方标准确定无障碍涉及的具体内容和要求。同时，无障碍需求还来自于校园内师生在教学、工作、生活中的具体需要。因此，要对校园内的不同群体开展深入的需求调查，包括残障人士，有伤病困扰的人士，不同年龄、性别、民族、国籍的师生的不同需求，校园访客的需求，还包括安全疏散、交通通行、校园管理等方面的功能要求等，这既是全面梳理校园无障碍需求的过程，也是不同群体加入无障碍校园建设的公共参与过程。

（二）如何进行既有建筑改造

校园中大量建筑都是既有建筑，甚至还有很多历史悠久的建筑，这些建筑大多因为建设年代较为久远，当时无障碍理念还没有普及，因此在使用上存在着很多不够通用的障碍。这些建筑中存在的问题非常复杂，有的通过较

为简单的增添设施或者局部改造就能实现无障碍，有的却因为结构限制、管线问题、空间尺寸等问题，做无障碍改造就得伤筋动骨，甚至还与文物保护的规定有所冲突。这种情况就不能僵化地墨守成规，需要因地制宜地根据建筑的性质、使用需求、相关标准和规范来提供解决方案，即便物质空间上无法改造，还可以通过无障碍服务等方式来弥补物质空间上的缺憾。

（三）如何进行校园无障碍规划

无障碍经常会被认为是一个局部设施问题，但如上所述，无障碍的系统性问题必须通过整体的专项规划来解决，规划的内容包括对无障碍需求与矛盾的客观评价，制定校园无障碍近远期目标，确定无障碍设施的配置和布局，明确无障碍建设的强制性内容与引领性指标，协调不同领域和部门之间的衔接关系，消除无障碍建设之间的矛盾和冲突，制定无障碍提升行动策略。上述内容均应该通过制定校园无障碍专项规划来实现，应当纳入校园总体规划付诸实施。

第五节　制定校园无障碍环境技术要求

以通用无障碍作为设计理念逐步改善学校无障碍环境，为广大师生员工提供一个舒适便利的校园环境是校园无障碍建设的使命和目标。今天的通用无障碍更加依赖于高科技和信息化。譬如耦合线圈听力设备、智能手机APP，在很大程度上改变了听力、视力障碍者的生活质量，缩短了残障朋友与健常者之间的差距，为他们创造出适应社会更多工作岗位的可能性。因此校园无障碍环境建设也必须与时俱进，汲取各种最新的科学技术成果并努力把它们转化为应用产品。

但是，技术手段的更新并不能代替无障碍基础设施的建设，实现校内物质环境无障碍仍然是无障碍环境建设的基础。此外，必须注意到，由于经济发展的不均衡以及教育资源的不平衡造成不同城市、学校之间在校内各种设施建设上存在着很大差距，因此，校园基础设施的无障碍建设任重道远、不容懈怠，仍然需要我们持续努力。

如何制定出一套完整的技术标准来指导学校的无障碍环境建设，以满足各类残障群体在校内学习、工作、生活的需求，是本书探讨的另一个议题。这些技术要求涵盖了以下几个方面：满足出行与移动自由的需求，满足如厕等生理需求，满足学习需求，满足校园生活需求，满足交流和运动需求以及满足校园室外景观环境的无障碍技术需求。通过列举、解析在校园环境典型场景中的无障碍技术要求，我们期待助力学校制定一套简洁实用、行之有效的校园无障碍设计指南。

第六节　国外校园无障碍环境新发展案例和清华大学校园无障碍环境建设探索

我们通过对哈佛大学、东京大学、剑桥大学、牛津大学和名古屋大学等国外校园无障碍案例进行深入探讨，进一步了解在无障碍环境建设实践过程中的经验与困惑。上述五所国外大学的无障碍环境建设都是根据学校自身的特点和需求而各具鲜明特色。譬如，剑桥大学和牛津大学针对历史性古旧建筑的无障碍改造形成了一系列系统、完整、可借鉴的方法。而东京大学和名古屋大学则在校园无障碍改造过程中事先制定了详细的实施细则，注重细节和无障碍设备，注重软件硬件的综合考量，以水滴石穿、铁杵磨针的定力，脚踏实地地长期努力，逐步实现了校园无障碍。而哈佛大学则更加注重校园公共设施的无障碍建设，积极考虑无障碍在各个领域的全覆盖。当然五所大学除了各自鲜明的特色，也有许多共同之处。例如各校都非常自觉地重视遵守国家和地方的无障碍法规，把遵守与残疾人相关的法律规范作为与教育平等的学校理念相辅相成的组成要素；例如各校都有直接隶属于学校高层领导的专职无障碍协调、支援机构；例如各校都非常重视对学生和教职员工的无障碍理念、知识和技术的培训，又例如各校都制作了使用方便的校园无障碍地图，尤其是这些具有共性之处强有力地保障了校园内的无障碍方策的落地和实施。通过对清华大学校园无障碍环境建设方面的探索和实践，我们希望展示随着国家经济水平的提高和对弱势群体的关怀日益增加，学校的无障碍建设也在发生着变化。虽然路途充满坎坷和艰辛，但是随着人们对无障碍认识的不断提高和我们共同的不懈努力，一定会有一个较大的飞跃。

第七节　推进校园无障碍环境建设的措施

　　空间、设施、设备对于无障碍来说，仅仅是一个物质基础，无障碍的达成还需要相应的管理、运行、服务、维护来实现。因此在校园管理体系中进行适当的制度安排，系统统筹校园无障碍的可持续建设与运行是决定性的环节。没有这个环节的保障，再多的建设规划与设施设备都会昙花一现或者流于形式。从世界一流大学在无障碍领域的管理与运行方式来说，无障碍支援办公室是大家普遍采用的方式，从规划、建设、资金安排，到师生的具体无障碍支援以及相关志愿服务，此类办公室承担了统筹协调和监督执行的各方面工作，值得国内大学在机构设置上参考。

　　和我们日常工作、生活的人居环境相比，校园环境既有相同的一面，也有因为其教育和学习功能而带来的特殊的一面，无障碍校园既是保障所有人平等学习、分享知识、公平参与的基础，同时也传播无障碍理念、知识和技术的鲜活个案。希望此次无障碍校园的研究与相关技术标准的提出，能够成为推动我国社会无障碍水平提升的重要力量。

第八节 残障群体的参与：没有我们的参与就不要做有关我们的决定

在中国残联的积极推动下，我国的无障碍环境建设有了长足发展，但是也应当看到我国不同群体在无障碍发展的各个环节上参与度还有很大的提升余地。社会组织发育相对滞后，基层社会治理模式还在摸索过程之中，公共参与的制度缺乏强制力和号召力，不同群体和用户参与意识比较单薄等原因，都导致了在无障碍环境的快速建设中公共参与的不足或者滞后，这必然导致"通用"理念的空中楼阁，"无障碍"在解决用户需求方面无法做到精准。

第九节 大学通用无障碍研究与无障碍领域未来发展

在对上述问题展开深入思考的基础上，2018 年 10 月 15 日，在清华大学召开了"包容与多样：无障碍发展趋势国际学术会议"。会议锚定通过与国际社会的交流，以世界眼光、国际水准、清华特色、历史担当为要求，促进无障碍学科建设、人才培养与通用无障碍理念的传播。

会议以清华大学无障碍发展研究院提出的"用户中心（User Centered）"的跨学科（Trans-Discipline）模式，将不同学科和行业置于整体论（Holistic）的研究平台上进行接触和碰撞。

十几位来自国际残奥委会，美国雪城大学、密歇根大学，澳大利亚悉尼大学，丹麦哥本哈根大学，欧洲无障碍旅游协会（EBTA），以及国内专家学者就政策、设计、技术、产品、教育等无障碍领域的最新成果和前瞻性信息进行了分享。以金融、健康、科技、治理四个学科范畴，描绘了当前国际社会在无障碍领域的观点、方法、趋势和代表性成果。作为公共参与和融合教育环节，清华大学、北京大学的在校残障学生组织了"机会平等与结果平等"对话，学生们的努力、成功与呼吁得到了与会者的高度共鸣。作为会议面向国际社会的最终成果，大会发布了《通用无障碍发展北京宣言》。

宣言结合了中国发展的现实需求，强调了当前无障碍发展的历史机遇，从更新思想观念、优化制度设计、改变惯性思维和认识、强化合作融合等方面提出了行动路径，呼吁全社会以通用无障碍的范式为基础，以无障碍作为"全社会的最大公约数"，通过达成共识，群策群力，迎接未来在包容发展方面的挑战，并从整体论角度针对我国通用无障碍发展范式的行动重点提出建议。

以下几点应该成为通用无障碍领域在近期努力的方向：

第一，关注所有利益相关方以及各种行为与感知有不同障碍的群体，重点关注那些对消除障碍、实现平等更加敏感、高度依赖的群体。

系统开展中国国情下特定人群的生存状态、需求、矛盾以及相关解决方案中的科学问题与科学规律研究非常必要，这是为制度设计、政策制定提供扎实的基础。

第二，着力研究通用普适的无障碍目标与因地制宜、因时制宜、因人制宜的关系，尊重不同的差异和发展水平，权衡并选择合理的目标与方式。

因此，搭建通用无障碍的整体论研究框架，以整体论方法论面对用户需求，推动包括建筑、规划、工业设计、机械制造、互联网、医疗与康复、社会学等领域的交叉创新，是实现统筹兼顾、动态发展的关键。

第三，保障残疾人群体在无障碍事务中的深度参与与广泛协商，提升残障人参加生活与生产活动的自主能力。

因此，结合强化社会基层治理，以共建共享、共商共治的理念，一方面以政府引领为"牛鼻子"，另一方面各方统筹资源与支持力量，给社会组织赋能，强化观念提升和技能培训，积极探讨"自上而下"与"自下而上"的公共参与模式。

第四，加强在 21 世纪新时代面对城镇化诸多挑战的信心，加深对全社会平等、包容、永续发展的认识。

因此，有必要以世界眼光、国际标准和中国特色为引领，将通用无障碍研究和世界发展的脉动紧密联系，以国际经验为借鉴，在中国的特色道路上探索无障碍建设的价值体系和运作模式。

附:《通用无障碍发展北京宣言》

1. 我们是来自世界各地的研究机构、学术群体、社会组织与行业部门的代表，于 2018 年 10 月 15 日在清华大学相聚一堂，在中国残疾人联合会指导、清华大学主办的"包容与多样——无障碍发展国际学术大会"上发布《通用无障碍发展北京宣言》，代表了我们对推动未来人居环境通用无障碍发展的共识。参加会议的还有相关政府部门、专业人士、行业从业者以及支持无障碍事业发展的相关方。

2. 每个人的生命周期中都会面临行动和感知的障碍，无障碍与每个生命的权利和自由密切相关。根据世界卫生组织的统计，目前全世界总人口中有大约 15% 的人有某种形式的残疾，人口总量超过 10 亿人，其中近 2 亿经受着相当严重的功能困难。伴随着全球老龄化时代的到来以及寿命延长带来的慢性疾病增加，未来世界的残疾率将进一步上升，需要更多关切。

3. 2006 年 12 月 13 日，联合国大会通过《残疾人权利公约》。《公约》再次确认了《联合国宪章》《世界人权宣言》以及国际人权公约所宣告的原则，重申了人类大家庭所有成员的固有尊严和价值以及平等和不可剥夺的权利，是世界自由、正义与和平的基础。为了促进、保护和确保所有残疾人充分和平等地享有一切人权和基本自由，并促进对残疾人固有尊严的尊重，以"合理便利"与"通用设计"等理念与方法消除"基于残疾的歧视"是实现机会均等、切实参与、包容发展的重要途径。

4. 我们充分理解 2015 年联合国纪念国际残疾人日以"包容至上：赋予所有残疾人无障碍设施和权能"为主题，呼吁国际社会认识到推动残疾人赋权和平等在实现可持续发展目标中的重要性，建立包容和无障碍的城市。2016年联合国关于住房和永续城市发展的会议（人居Ⅲ）通过了"基多宣言"，各个国家、政府的首脑、部长以及高级代表共享愿景，即平等地使用和享受城市与人类住区，寻求促进包容性，确保所有现在和未来的居民没有任何形式的歧视，可以在正义、安全、健康、方便、能支付的、韧性和永续的城市和人类住区定居、生产，并提高所有人的生活质量，促进繁荣。

5. 为了能够进一步推动面向平等、包容、参与的诸多共识和实践，我们充分认识到当前人居环境的建设遵循"通用无障碍"原则的现实性、重要性和紧迫性：

（1）人居环境与基本服务无障碍：城镇化进程中多种形式的贫困、社会与经济发展水平的分化与空间隔离将导致在消除"基于残疾的歧视"的过程中更复杂和尖锐的矛盾，有些群体在社会经济快速发展中容易被遗漏和忽略，这为社会全体的永续发展带来巨大挑战，必须在人居环境的建设和社会基础设施与基本服务中，确立通用无障碍的基本原则，为所有人提供平等与充分参与的机会。

（2）信息无障碍：信息社会的科技进步与创新日新月异，人们对信息科技与人工智能的依赖程度不断提升。由于技术手段在通用无障碍性能上的差异，从而导致信息获取、加工、利用的困难和不平等，这些新兴技术的障碍使行动或感知不便利的群体失去了在信息社会交流与平等参与的机会。

（3）确立通用无障碍发展的范式：在定义和实施通用无障碍发展的过程中，政策、立法以及从规划、融资、建设、运行、治理的各个环节在系统化衔接、同步化实施等方面的不足，是导致通用无障碍的设施与服务效率低下的关键原因，必须重新反思与认识通用无障碍的发展范式对人居环境建设与社会服务产生的根本性影响，确立以法律为准绳、以用户为中心、以实际需求为基础、以无障碍愿景为导向、以无障碍系统规划为框架、以无障碍要素统筹为方法、以行动计划为保障的发展范式。

（4）多主体共同参与模式：理念的不断提升需要切实的行动给予保障。在不同层面、不同区域、不同环节提升通用无障碍的水平，需要包括政府、企业、社会组织在内的多方利益主体的充分参与与合作，确保在行动过程中，有充分的立法保障，有对行动主体的适当赋能，及时的监督、检查、评估与权衡，充分认识到通用无障碍的发展是一个达成"全社会最大公约数"的动态协调过程，是一个"永远在路上"的持续演进和改善过程。

6. 作为共识，我们应当在各自领域推动通用无障碍发展，提出如下行动倡议：

（1）我们认识到不同地域在经济发展水平、社会生活习惯、历史文化传统等方面的差异，所以我们应当着力研究通用普适的无障碍目标与因地制宜、因时制宜、因人制宜的关系，尊重不同的差异和发展水平，权衡并选择合理的目标与方式，从环境、信息、服务、就业等多方面提升通用无障碍水平。

（2）我们认识到通用无障碍的目标是为了推动全社会平等、包容与充分参与，因此应当关注所有利益相关方以及各种行为与感知有不同障碍的群体，包括但不仅仅限于性别、年龄、文化、宗教、身心障碍等方面。与此同时，我们也应当意识到必须重点关注那些对消除障碍、实现平等更加敏感、高度依赖的群体，比如儿童、妇女、残疾人、贫困的老年人等，这些群体在实现通用无障碍愿景的过程中需要更多的投入与更大的关爱。

（3）我们督促相关政府部门以及所有利益相关方，在法律法规、政策、标准与发展规划的制定中，充分纳入通用无障碍的理念和原则，尊重不同群体的差异，保障残疾人群体在无障碍事务中的深度参与与广泛协商，提升残障人参加生活与生产活动的自主能力，以法律为准绳，监督通用无障碍在各个环节的落实，确保不同群体消除歧视的基本诉求。

（4）我们在遵守相关政策和法律的前提下，应当加强合作和交流，分享知识和经验，突破行业、领域等带来的壁垒，因为通用无障碍是所有人的福祉，需要所有人的投入。

（5）我们决心通过《通用无障碍发展北京宣言》强化我们在 21 世纪新时代面对城镇化诸多挑战的信心，加深我们对全社会平等、包容、永续发展的认识，促进我们在每一项具体行动中对上述理念的落实，实现我们的共同愿景。

无障碍小专栏一 非常无障碍沙龙·SRT 项目

无障碍,分享也是重要参与。差异是人类的宝贵财富,尊重差异,包容多样,推动融合,当今世界将更丰富多彩。目前中国的残疾人受各方面因素制约,与整个社会交流融合的机会较少,也导致整个社会对这一群体不了解,或者误解。这一现状,距离实现一个通用无障碍环境和包容性社会这一目标还很远。了解,是实现目标关键性的基础工作。

图 1-1　非常无障碍沙龙徽标

1. 清华大学无障碍发展研究院搭建的非常无障碍沙龙

非常无障碍 Universal Accessibility Talk(简称 UA Talk),是一个表达观点、启迪智慧的 TED 式的交流平台,倡导自由探究、百家争鸣的思想碰撞。每期邀请 3—5 位参与者,欢迎非政府组织领导人、国际组织官员、不同领域的学者、公益人、心理学家、企业家、医生、设计师、媒体人等积极参与,传递一切关于平等、创新、可持续发展等方面的见解,分享实践成果,启发人们更加关爱一切行动或感知不便的群体,推动全社会积极投入建设通用无障碍环境,共同创造实现一个更加包容的社会。

UA Talk 项目于 2018 年初启动,先后开展了 6 期,受到整个校内外的广泛关注,每期都会有清华大学不同院系的同学报名参与,也吸引了众多社会上的残障群体积极参与。2019年将继续优化提升这一项目的内涵与形式，也会与社会各界积极进行资源共享、价值连接。

图 1-2
非常无障碍沙
龙现场

2.通用无障碍校园体系研究与清华大学生研究训练（SRT）计划项目
Universal Accessibility for Everyone

学校是实施教育的场所，是师生日常生活与学习的重要场所，需满足使用者多样化的合理需求，让每个人享有平等适宜的环境。发展通用无障碍的校园环境是非常有必要的。

通用无障碍校园体系研究与SRT项目于2019年3月在清华建筑馆启动，在启动会上，几位辅导老师以无障碍环境现状、需求群体特征、"平等、包容与多样"理念、通用无障碍校园建设体系四个部分内容为主，与20多名同学进行了分享与互动交流，以此增强大家对残障群体和无障碍理念的了解。

启动会之后第二周，由清华大学无障碍发展研究院、学生无障碍研究协会一起组织同学们在清华校园内开展无障碍的调研工作，对校内不同群体进行访谈，对环境、设施和服务进行普查，形成基础调研报告。

清华大学生研究训练计划项目是为培养学生创新意识和能力，使本科生及早接受科研训练，了解行业、了解社会，锻炼实际才干，是贯彻教学和科研相组合的方针，并全面推行学分制，在实施计划的过程中，要求学生做到"以我为主"，充分发挥学生的主动性和积极性，使学生能进行调查研究、查阅文献、分析论证、制订方案、设计或实验、分析总结等方面的独立能力训练。

图1-3　通用无障碍校园体系研究 SRT 项目启动交流会

图1-4　清华 SRT 无障碍校园项目启动合影

第二章

无障碍发展历程

第一节　无障碍通用设计的基本理念和发展历程

在西方国家，对待残障者的态度以及对于无障碍的早期认识与理解从基于基督教的天赋人权、仁爱人道的理念，历经公民权等运动，通过一系列国际人权保护条约、公约和宪章的制定，到最终实现从法律层面自觉理性地对残障群体权利进行保护，经历了漫长的发展历程。进入现代社会，通用设计的理念对无障碍事业的新生与发展起到了重要的作用，而理所当然，通用设计理念的提出与反差别、反歧视以及人权保护息息相关。本书所讨论的无障碍校园环境问题都是在践行无障碍理论先驱的研究成果，而实际上无障碍理论的主要先驱者都与学校有着千丝万缕的联系，甚至可以说大学就是催生无障碍通用设计的摇篮。

一、罗纳德·梅斯 Ronald l. Mace，1942—1998

通用设计理念的提出是罗纳德·梅斯的重大贡献。出生在美国的梅斯 9岁时罹患小儿麻痹症，一生都在轮椅上生活。梅斯 1966 年毕业于北卡罗来纳州立大学设计系，并开始建筑设计的实践活动。当时的美国，关于无障碍的理念尚未被社会广泛接受，许多政府公共设施的无障碍环境也没有实现。梅斯于 1973 年深度参与了北卡罗来纳州第一部无障碍条例的制定，而且梅斯日后在美国制定一系列与残疾人和无障碍有关的法律法规过程中起到了重要的作用。譬如 1988 年《关于住房公平修正法案》的制定以及 1990 年制定的《美国残疾人保障法》（Americans with Disabilities Act）。这些法规法令的制定与施行促进了当时的美国社会开始重视无障碍，特别是通用设计的理念，而各种消除歧视和各种障碍的法规条例也逐渐成为解决相关专业问题的重要工具。鉴于梅斯对残障人在尊严、平等、独立和就业的促进上所做的贡献，1992 年被授予美国总统杰出服务奖章。

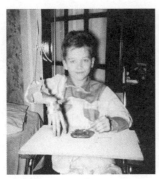  

图 2-1
少年时代的梅斯

图 2-2
作为建筑师的梅斯
在绘图桌前

图 2-3
坐在轮椅上的梅斯

二、通用设计中心

梅斯于 1989 年创建了"北卡罗来纳州立大学无障碍住宅中心"（North Carolina State University Center for Accessible Housing），后来改名为"通用设计中心"（The Center for Universal Design）。梅斯在对来自美国各地的建筑师和设计师进行培训过程中，反复强调了一个理念，即通用设计不仅给残障人，也给普通人带来生活上的便利。

通用设计的七个原则

梅斯和他的同事们通过一系列研究与实践提出了著名的通用设计七原则。七原则的提出不仅对通用设计的内涵以更加具体的形式进行了阐明，也为通用设计的实践提供了明晰的工具。

1. 公平原则（Equitable Use）

设计物对于不同能力的人们来说都是有用而适合的。

2. 弹性原则（Flexibility in Use）

设计物要同时适应不同的个体意愿和能力。

3. 简单直观原则（Simple and Intuitive）

无论使用者的经验、文化水平、语言技能、使用时的注意力集中程度如何，都能容易地理解设计物的使用方式。

4. 信息可觉察性原则（Perceptible Information）

无论环境状况和使用者的感知水平如何，设计物都能有效地将必要的信息传达给使用者。

5. 容许错误原则（Tolerance for Error）

设计物应该降低由于偶然动作和失误而产生的危害及负面后果。

6. 省力原则（Low Physical Effort）

设计物应当能被有效而舒适地使用，同时降低疲劳。

7. 尺度和空间的适度（Size and Space for Approach and Use）

提供合适的尺度和空间以便于接近、到达、操控和使用，无论使用者的生理尺寸、体态和动态如何。

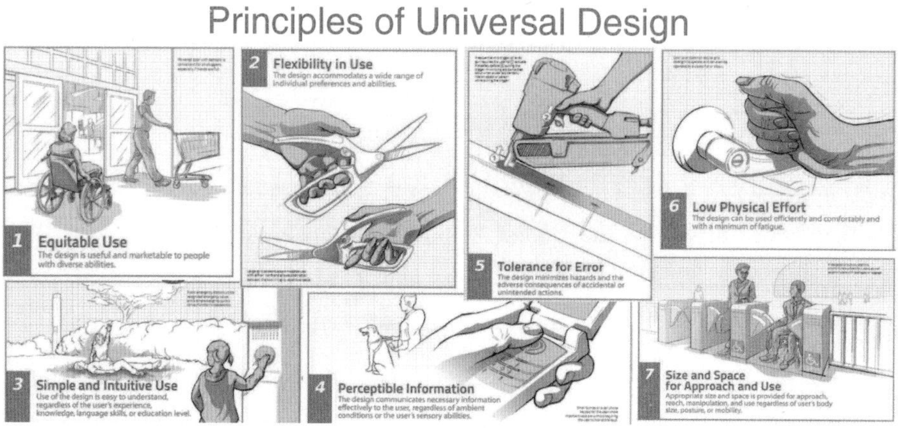

图 2-4　通用设计七原则

正如通用设计中心所指出的，这些原则只是对通用设计可用性的一般描述，并不是说所有以此理念作为指导的设计都必须完全符合这七条原则。在设计实践过程中设计者还应该在七原则的基础之上综合考虑经济、工程、文化、性别以及环境等因素。通用设计的七原则，以启迪性思路揭示出以往在设计中不为人所关注的思考方向，具有很好的指导和借鉴作用。然而这些原则并不是一切设计的解决方法，也不意味着在进行任何设计时都必须优先考虑这些原则。仅仅以通用设计七原则指导具体的设计还远远不够，在设计活动中应当结合具体环境特点以及使用者，即人本身的不同需求。

第二节 联合国《残疾人权利公约》的制定

2006 年第 61 届联合国大会通过了《残疾人权利公约》(Convention of the Rights of Persons with Disabilities)。《残疾人权利公约》由序言和包括宗旨、定义、一般原则等在内的 50 项条款组成。公约的宗旨是促进、保护和确保所有残疾人充分和平等地享有一切人权和基本自由，并促进对残疾人固有尊严的尊重。

2007 年 3 月 30 日中国政府在《残疾人权利公约》开放签署日当天就签署了该公约。2008 年 6 月 26 日第十一届全国人大常委会第三次会议批准我国加入《残疾人权利公约》。2008 年 9 月公约对我国正式生效。由此可见，中国政府在残障者权益保障方面的信心和决心。

《残疾人权利公约》的核心是确保残疾人享有与健全人相同的权利，并以正式公民的身份生活。公约涵括了残疾人应享的各项权利，如享有平等、不受歧视和在法律面前平等的权利；享有健康、就业、受教育和无障碍环境的

图 2-5
践行《残疾人权利公约》——
清华大学、北京林业大学共同
组织北京西城白塔寺历史街区
无障碍调研和宣传活动

权利；享有参与政治和文化生活的权利等。《残疾人权利公约》的制定标志着人们对待残疾人的态度和方法发生了"示范性转变"，《残疾人权利公约》带来了著名的国际残障运动口号：Nothing About Us Without Us（没有我们的参与不要做出与我们相关的决定）。

公约的第九条"无障碍"规定了残疾人有无障碍地进出物质环境，使用交通工具，利用信息、通信以及各种公共设施和服务的权利。第九条还要求制定和公布无障碍公共设施及服务的标准和导则，并监测其实施。

第三节　源自北欧的"正常化"理念

1959 年，北欧的丹麦颁布了一个内容广泛的"新社会福利法"。这项法律将公民社会中智力障碍人士的社会辅助原则置于一个完全崭新的基础之上。丹麦的法学家和行政官员 N. E. 班克·米可斯（Bank Mikkels）是这项法律制定的重要参与者。在这部社会福利法的前言中，有一句话尤为引人注目，它后来被冠以"正常化（Normalization）"的理念而闻名于世，这句话是这样说的："正常化的意义是：允许智力障碍人士有尽可能正常生活的权利。"

"正常化"的目标是实现和保障残障者（包括社会上的弱势群体）与普通市民一样可以享受普通生活的权利的社会环境。当初"正常化"的理念是作为残障者的福祉观念被提出、提倡，而今天广义地作为实现没有差别的共生社会的理念被认识和理解。"正常化"的理念听起来非常"高大上"，从另一个角度看也意味着我们现在的社会环境与"正常化"的目标还有很大的差距。

"正常化"常常被误解为残障人经过训练来适应普通人的生活。实际上包括残障人在内的少数人不应该被当作区别和怜悯的对象，而是需要通过各种努力以及对社会环境的整备，让社会自然而然地包容他们，实现残障者与健全者同样的权利才是这一理念的真髓。

第四节　国外无障碍相关法律体系

在很多无障碍先进国家，今天无障碍已经作为人类的基本权利受到法律、法规的保障，如果不能满足无障碍相关的法律规定，就很有可能受到他人诉讼而最终接受法律的制裁。从法律体系上来说，一般首先是在国家上位法律层面上对残障人的人权进行保障，其次是对关于无障碍具体规定的下位法规在操作层面上加以细化。需要注意的是，即使是满足了下位法律条款的规定，而如果涉嫌违反国家、联邦等上位人权法对人权的保护，仍然有可能违反法律而受到制裁。因此只有在根本上提高对无障碍的认识，切实保障利用者的人权，才有可能处理好与无障碍相关的各种问题。

一、欧美各国关于无障碍和通用设计的研究

几十年来，欧美国家通过深入研究与探讨通用设计的理念，在这一领域取得了显著成绩，并针对通用设计以及无障碍环境建设建立了多层次全方位的立法保障。目前，美国大约有七所、欧洲大约有十五所无障碍研究机构从各个层面进行通用设计的实践活动，并在科研与教育领域深入研究通用设计的理论和发展。世界对无障碍、通用设计的研究更趋系统化，通用设计的思想也根据使用人群等衍生出"包容型设计"等理念，逐渐扩大到世界各个角落。

二、美国关于无障碍的法规

世界各国关于无障碍作为责任和义务的法律大致可以从两大方面加以分类。第一类是将无障碍作为残障者权利的反差别、反歧视类法律；第二类则是对利用设施，包括建筑物和交通设施等规定无障碍义务的单独法规。以下，我们按照上述两大分类对欧美等国的无障碍法律、法规进行一个简略的梳理。

（一）第一类

1990 年制定了具有跨时代意义的《美国残疾人保障法》。该法律规定如果残障者不能利用或者非常难以利用公共或交通等设施，可以对这些设施的所有者提起诉讼。《美国残疾人保障法》基于公民权运动的背景，具有很强的人权保护色彩。它从法律层面确保了残疾人在使用社会公共和服务设施、出入公共场所和保证平等就业等方面的权利，标志着美国残疾人事业真正走入"无障碍时代"。

（二）第二类

1961 年美国颁布了世界第一部无障碍标准——《便于肢体残疾人进入和使用的建筑设施的美国标准》。1968 年美国国会又通过了《建筑障碍法》（Architectural Barriers Act），成为公共建筑与设施的无障碍设计基本法，美国国民从此开始逐渐认识到无障碍设计的重要性。1990 年，美国国会通过的《美国残疾人保障法》取代了《建筑障碍法》的核心地位，《美国残疾人保障法》及其相关附则，譬如《建筑及设施无障碍导则》（Accessibility Guidelines for Buildings and Facilities）要求新建筑和对旧建筑进行改造时都要满足无障碍需求。需要注意的是，在美国对于建筑物的法律规定各州是法律的制定与实施主体。

在公共交通方面美国制定了《安全、责任、弹性及效率的交通公平性法2005》。该法要求除飞机和轮船以外的新增加的公共交通工具必须满足无障碍要求，但是根据交通设施的结构和运营情况设置了例外措施。

三、英国关于无障碍的法规

（一）第一类

英国制定了《残障者歧视法 1995 和 2005》（The Disability Discrimination Acts，1995 & 2005）。该法律规定了如果残障者不能利用或者非常难以利用公共设施或交通设施等，可以对这些设施的所有者进行诉讼。英国的反差别法在制定过程中考虑到传统上对残障人和高龄者实行的福利关怀政策，对设施的所有者的要求则相对宽泛。

（二）第二类

英国制定了《建筑法规 M 分项》，要求新建筑和对旧建筑进行改造时要履行无障碍需求的义务。英国还制定了《交通法 1985》，责任主体为地方政府。英国要求除飞机和轮船以外的新增加的公共交通工具必须满足无障碍要求，但是考虑到业主的实际情况以及交通设施的历史和复杂性，允许分阶段逐渐完成无障碍改造。

四、瑞典关于无障碍的法规

（一）第一类

瑞典则基于正常化（Normalization）成熟的思想和实践深入人心，没有专门制定针对有关残障人无障碍义务的法律。

（二）第二类

瑞典制定了《建筑法规 1994》，也要求新建筑和对旧建筑进行改造时要履行无障碍需求的义务。瑞典还制定了《关于交通无障碍设施的法律 1979》和《公共交通责任法 1998》，责任主体均为地方政府。瑞典要求除飞机和轮船以外的公共交通工具无论是新增的还是既有的都必须满足无障碍要求（对于既有交通工具有部分缓和措施）。

五、日本关于无障碍的法规

位于亚洲的日本，也随着快速步入老龄化社会而日益重视通用设计的理念和实践。各大企业纷纷以通用设计理念作为指导开发产品，积极探索通用设计的实践应用。日本对于无障碍环境的推进始于上世纪 70 年代。而 70 年代的福祉街区整备运动是基于北欧的"正常化"的理念，即：让所有的人在当地像健康人一样安心地生活。这些实践活动最初从消除物质无障碍开始，例如町田市等一些地方政府以及公共团体制定了与无障碍相关的实施纲要和条例。上世纪 80 年代借助国际残疾人年（1981 年）和联合国残疾人十年计划（1983—1992 年），对残障者的关怀进一步渗透到社会各个层面，上世纪 90 年代同类条例扩散到日本全国，许多地方政府先后制定了相应的条例和标准。另一方面，上世纪 70 年代以后在国家层面相继制定了针对特定建筑物、道路、公园等设施的方针和纲领指南。1994 年主要对应公共建筑无障碍的《促进建设方便高龄者、残障者使用的特定公共建筑之法律》（俗称爱心建筑法）开始实施。2000 年，针对交通设施的《促进高龄者、残障者方便使用交通设施的法律》开始实施。

2003 年上述两个法律合并为《促进高龄者、残障者移动方便的法律》（俗称无障碍新法），并加以实施。无障碍新法主要包括以下几个方面的内容：

（1）主管部长负责综合策定国家（无障碍事业的）基本方针。

（2）无障碍设施管理者的标准和义务（对应无障碍化设置区域的扩大）。

（3）无障碍重点区域的制定及基本方针的制定。

（4）促进相关者及居民参与无障碍事业。

（5）落实特定具体的无障碍项目。

（6）缔结协议，保证无障碍的路径通畅。

（7）规定主管部长具有劝告、命令和惩罚的权限。

日本进行两法合一的背景在于原来两法各有侧重，中间形成缺乏衔接的真空地带以及过于侧重各类硬件设施，对包括信息以及使用者需求等软性要求对应不够。从中可以看出日本关于无障碍环境法律制度的制定不是一蹴而就，而是在推进和实践过程中不断总结经验和教训，汲取使用者的需求和社会的呼唤，循序渐进、不断深化改进而逐渐完善形成的。

六、关于提供特殊交通服务

特殊交通服务（Special Transport Service，以下简称 STS）的种类多种多样，可以简单地理解为类似于出租车与公交之间的交通出行服务，使用车辆大多以小型面包车、小型房车为主。

对于 STS 类交通工具，美国和瑞典均在立法上要求地方政府有提供 STS 的义务。一方面从法律层面制定措施要求提高一般公共交通工具适合包括轮椅使用者在内的残障者、老年人等出行的特殊需求，另一方面对于重度残障者着眼于提供 STS 加以解决。《美国残疾人保障法》及其相关附则作为义务要求为难以利用公共交通的残疾人提供从住居至目的地的接送辅助运输服务（Paratransit Service）。瑞典在 1980 年制定的《社会服务法》第 10 条中规定瑞典的各地方 COMMUNE（相当于我国的市镇）有提供 STS 的义务。

英国的《交通法 1985》中虽然规定了地方交通局对老年人和残疾人有关照的义务，但是并没有提出必须设置 STS 的相关法律规定。英国的 STS 一是由地方卫生保健部门提供非急救运输满足残障者、高龄者等需要群体去医院看病的需求，二是由社会公益组织、接受政府补贴的私营企业、无障碍出租车等为残障者、高龄者等需要群体提供外出购物等的运送服务。

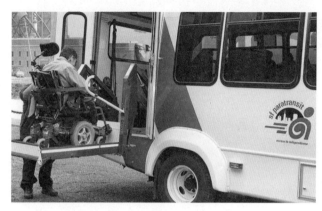

图 2-6
美国的特殊交通服务（STS）：
辅助运输服务 Paratransit Service

第五节　融合教育促进校园无障碍环境发展

　　融合教育在中国的发展使残障青少年有机会与普通的同龄者生活、学习在一起，共同感受时代的进步，使他们更加容易融于社会，享受国家发展的成果。学校只有允许残障儿童平等地进入学校，才可以讨论为他们创造更加完善的校园无障碍环境。以人为本是国家发展的基本理念，更是实现校园无障碍环境的根本保证。校园无障碍的实现是满足特殊学生出行、生理、生活需求的基本保证，是实现融合教育的必需条件。

一、融合教育的历史与现实

　　融合教育作为国际教育发展的全新理念兴起于上世纪 90 年代。1994 年联合国教科文组织在西班牙的城市萨拉曼卡召开"世界特殊教育大会"，通过了《萨拉曼卡宣言》，首次提出了"融合教育"的概念，其核心理念是教育面向所有青少年，使他们接受适合自身发展的教育，获得更好的发展机会以及更好地适应社会。融合教育的本质是通过教育内容、教育途径、教育结构和教育战略的变革和调整，减少教育系统内外的排斥，以应对所有学习者多样化的需求，增加他们学习、文化和社区参与的机遇，努力使所有的人受到平等的教育，特别是帮助那些由于身体、智力、经济、环境等原因可能被边缘化和遭歧视的孩子受到同样的教育。保障所有学习者受教育的权利不会因为个人的特点与障碍而被剥夺，其最终目的在于建立一个更加公平、公正的社会。今天的融合教育理念，已不再是仅仅针对残障群体的教育，而是要求普通学校通过制度、资源、技术、环境等方面的创新，对所有具有平等权利的受教育者提供满足他们需求的教育环境。

二、融合教育在中国的实践

在我国，初、中等教育的融合教育基本上是通过"随班就读"的方式实现的。随班就读作为具有中国特色的融合教育实践有着举足轻重的意义。1987年国家教委《关于印发"全日制弱智学校（班）教学计划"的通知》中明确提到：在普及初等教育的过程中，大多数轻度弱智儿童已经进入当地普通小学随班就读。1993年，亚太地区"特殊教育研讨会"在黑龙江省哈尔滨市召开，"全纳"（inclusion）的概念被引入中国，开始从融合的视角探讨我国随班就读的发展。1994年国家教委发布《关于开展残疾儿童随班就读工作的试行办法》，随后又发布《残疾人教育条例》，标志着"随班就读"通过国家教育政策法规获得了正式的法律地位，随班就读进入深化发展的实践和提高阶段。

三、融合教育的新课题

今天，随着全民教育水平的提高和几十年以"随班就读"为中心的融合教育实践，"随班就读"的短板与局限性也日益显现。学校如何满足学生日益多样化的具有个性的学习需求，避免形成以普通学生为中心，不能很好顾及残疾学生的特殊需求是问题的核心。融合教育的目的绝不是仅仅从形式上把残障学生塞入普通课堂，而是需要通过系统的教育程序使特殊受教育者最大限度地发挥自己的特长和潜能，满足特殊学生的发展需求。

第六节　国外校园无障碍新发展

国外无障碍先进国家的教育设施基本实现了高标准的无障碍环境。限于国内校园无障碍环境建设的现状和面临的主要问题，虽然本书以物质环境无障碍作为主要的讨论对象，但实际上我们所说的"校园无障碍"除了我们经常遇到的"物质环境无障碍"以外，还包括"信息和通信无障碍""就业无障碍""教育、培训及认知无障碍"和"政策无障碍""组织无障碍""技术无障碍"等多方面的无障碍需求。但是对我们来说排在第一位的仍然是保障残障者享有与健全人同样接受教育的权利。另外需要注意的是国外对于"障碍"的定义早就不局限于身体或器官损伤造成的障碍，精神疾患所带来的障碍也是"无障碍"必须考虑的对象。

一、来自女王大学的启示

我们希望通过加拿大安大略省的女王大学（Queen's University）这个案例让读者可以更加容易地了解国外大学对无障碍环境建设的一些成熟经验。加拿大女王大学拥有来自 109 个国家的 22000 名学生（其中包括 1325 名需要得到帮助的残障学生占 6%）和超过 8000 名的教职工。而该校教员和职工中自愿认定为有残疾的比例分别为 3.5% 和 5.8%。作为大型公共组织，女王大学对无障碍包容性环境建设的努力一方面源自法律法规的要求，譬如需要履行遵守《安大略省残疾人无障碍法》（AODA）和《安大略省建筑规范》（OBC），以及其他诸如万维网协会的《网页内容无障碍指南》（WCAG 2.0A）等无障碍法律法规和技术标准的义务。另一方面女王大学认为实现一个公正公平，建设具有包容性的无障碍环境与促进教育平等的目标高度契合，对实现该校"成为一所拥有变革性学习经验的研究密集型大学"的未来战略愿景有着重要影响和作用。

为了实现这一目标，女王大学强制性地要求所有代表学校形象的教职员

图 2-7
女王大学建筑门厅入口的无障碍坡道

以及需要与残障者进行交流沟通的职工都必须接受关于无障碍和人权的培训。此外，在校园无障碍环境建设上，学校还设立了直接隶属于主管副校长的委员会（VPOC）负责综合协调，并且下设 5 个专门工作组（每个工作组中必须包含一名残障者）研究、制定、监督和推进学校无障碍环境建设的规划和实施。学校要求所有院系都必须参与到无障碍实施计划中来，并且这些计划以及实施状态的报告必须公开透明地向社会公布，接受公众的监督和检查。除此之外，学校还必须每年向安大略省无障碍理事会提交报告以确认学校无障碍的合规状况。女王大学制定了《女王大学设施无障碍设计标准》（QFADS），并在校园设施新建、改建过程中加以运用。

二、理念变革：实现校园无障碍的必经之路

作为实现教育平等的现实成果，国外校内学生、教职工中的残障者的比例大都与该群体在社会总人口中的比例相匹配。譬如上一节我们提到的加拿大女王大学自认有残疾的学生、教员和职工的比率分别是 6%、3.5% 和 5.8%。只有允许残障者走进校园才能真正保障残障者的人权，才能为进一步讨论各种"无障碍"奠定基础。也只有让残障者走进校园，才能真正实现校园环境的无障碍。

我们应当更清醒地认识到校园无障碍环境的实现，即使是相关主要负责人有了关于无障碍的意识，要建设成无障碍环境比较完善的学校仍然有很长的路要走。无论在哪个国家，理念变革都伴随着烦琐复杂的流程，涉及认识认知、责任义务、政策程序、技术和实践等多个方面。只有以改革者的姿态

图 2-8
女王大学的教室内部
实现无障碍环境

图 2-9
女王大学设有轮椅坡
道的游泳池

图 2-10
女王大学为残障者提
供锻炼计划

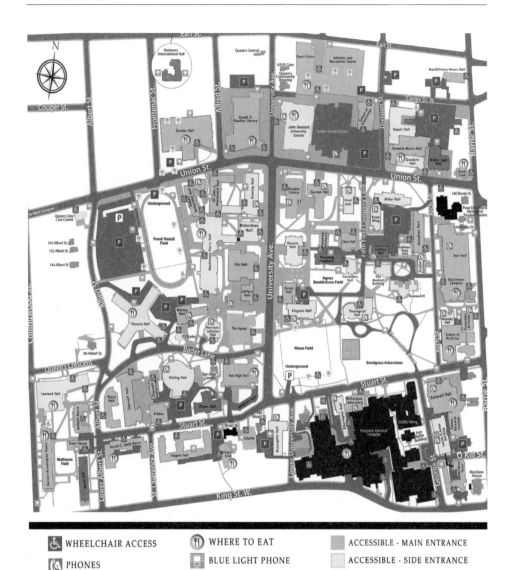

WHEELCHAIR ACCESS

PHONES

WHERE TO EAT

BLUE LIGHT PHONE

PARKING

ACCESSIBLE - MAIN ENTRANCE

ACCESSIBLE - SIDE ENTRANCE

NOT ACCESSIBLE

图 2-11 女王大学校园无障碍地图

采取变革行动，特别是让学校的师生员工等共同参与到政策制定和实施的流程当中，才能使所有人都能更好地理解无障碍规划、计划以及实施过程的复杂性，从而愿意为校园无障碍提供支持。只有这样，无障碍才能够在校园内作为一种原生的文化生根发芽，开花结果。

无障碍小专栏二　校园无障碍学生组织

1. 清华大学学生无障碍发展研究协会

2016 年 4 月 23 日，在清华大学校团委和清华大学无障碍发展研究院的支持下，来自多个院系的学生自发成立了清华大学学生无障碍发展研究协会，该协会在校内外开展了各种无障碍理念宣传交流活动，旨在让每一个人独立平等地参与社会学习与生活。

2. 无障碍体验

无障碍体验活动是协会的传统活动，每年都会举行多次，活动主要目标是组织参与者真实地体验残障者的生活，进而了解无障碍的重要性，让无障碍的理念深入人心。活动趣味性比较强，学生参与的热情也非常高。

3. 在"包容与多样"无障碍发展国际学术大会上宣讲

2018 年 10 月 15 日，无障碍发展研究协会参加了由清华大学主办的"包容与多样"无障碍发展国际学术大会。矣晓沅、朱晓鹏、江梦南与来自北大的学生代表马英浩以及福建自强助残基金会发起人、闽南师范大学外国语学

图 2-12
校园无障碍体验活动

院教授郑声滔教授一起在大会上进行了以"机会平等与结果平等"为主题的无障碍理念宣讲。宣讲中，协会成员通过自己的切身经历，反映了当今社会无障碍环境存在的问题，并有针对性地提出了一些倡议，号召更多人来关注无障碍发展。

图 2-13
残障学生参加"包容与多样"无障碍发展国际学术大会

4. 校园无障碍环境调研

无障碍发展研究协会通过问卷调研和实际走访的形式，调研校园整体无障碍环境，将调研报告提交给学校相关部门，提出自己的意见与建议，推动学校无障碍设施更加完善。

第三章

校园无障碍环境规划、设计的基本原则与方法

第一节 校园无障碍环境规划、设计的基本原则

一、开放包容，以人为本，分析涉及对象需求

（一）顺应融合教育趋势，无障碍环境改造助力实现教育平等

我国对残疾群体的分类一般包括视力残疾、听力残疾、言语残疾、肢体残疾、智力残疾、精神残疾及多重残疾七大类。视力残疾和听力残疾群体由于身体感官的缺陷和环境条件的限制，使得独立出行存在诸多安全隐患，获取信息的能力受到很大的限制。长期被忽视使得一些残障者甚至丧失了更多的知识积累、社会交往的机会和成长机遇，不得不依附于家人，难以走向社会；而肢体残疾者在生活中会存在较大的行动障碍，尤其下肢残疾者完全需要依靠轮椅行动及生活，上肢残疾者会存在更多的动作行为限制；而智力残疾和精神残疾者由于先天或后天的影响，使得在智力系统、心理健康方面失去平衡，导致对信息的辨识、对事物的认知理解、情感意志的表达与健全人的表现迥然不同，往往会形成难以调节的心理障碍。

自 2010 年起，我国先后颁布两次《国家中长期教育改革和发展规划纲要》，使得特殊教育取得了长足进展。随后教育部等七部门于 2014 年、2017 年联合颁布了两次《特殊教育提升计划》，进一步助推面向残障学生的特殊教育体系落到实处，服务水平得到提升，并通过试点示范的方式先行先试。

在 2018 年由中国残联举办的"我来北京上大学"主题新闻发布会上，中国残联教育就业部副主任李东梅介绍："2015—2017 年，共有 2.89 万名残疾学生通过普通高考被普通高校录取，其中 2015 年 8508 人，2016 年 9592 人，2017 年 10818 人。"由此可见，虽然缓慢，但是对于残障学生的录取人数确实在逐年攀升。同样这也表明残障者在平等的教育环境下发挥身残志坚的精神，在社会的包容和支持下通过付出更多的努力，同样可以取得好成绩。

教育部等七部门联合发布的《第二期特殊教育提升计划（2017—2020年）》中明确提出发展总体目标："到2020年，各级各类特殊教育普及水平全面提高，残疾少年儿童义务教育入学率达到95%以上，非义务教育阶段特殊教育规模显著扩大。特殊教育学校、普通学校随班就读和送教上门的运行保障能力全面增强。教育质量全面提升，建立一支数量充足、结构合理、素质优良、富有爱心的特教教师队伍，特殊教育学校国家课程教材体系基本建成，普通学校随班就读质量整体提高。"

随着融合教育水平的提升和发展以及教育平等的理念日益深入人心，对高校无障碍环境建设也提出了更高也更加切合实际的要求，特别是既有校区的无障碍环境改造更是一项艰巨的任务。通过校园物质空间无障碍环境的改善、配套服务设施的完善，为在校残障学生提供更加平等的学习机会和便利的生活条件，让残障学生能够更加充实、更加快乐、更有收获地度过不同学习时期，为残障群体享有社会资源、贡献自己的力量提供平等权利的可能性。

（二）通用无障碍设计促进实现包容融合的平等教育

无障碍环境建设不仅面向残障群体，而且秉持友好包容的通用无障碍设计理念，推动社会环境从根本上消除障碍，实现真正的融合、友好，包含以下两大内涵：

一是在无障碍校园环境建设致力于解决残障群体基本需求的前提下，同样能让健全者，包括健康的学生、教师、员工和社会成员获取更好、更便捷的学习、工作和生活环境。通过通用无障碍的各种实践让残障群体从特殊化回归到一般化，真正融入正常的生活，由此才能真正改变无障碍设施被盲目占用的情况，缓解、消除残障群体担心异样的眼光、外部环境的不安全而将自己完全孤立起来的情绪。无障碍环境的建设需要从改变社会和我们每一个人的观念出发：障碍的原因不仅仅是先天的，而是需要社会共同去改变的。

二是在设计中将友好包容的理念贯穿始终，我们在空间设计及设施供给的整体环境中需要面向每一位具体而不是抽象的个体，考虑每个人在特定环境中可能出现的不适、意外和障碍。即使是健全人，可能由于携带行李负重行走导致行动不便，可能在日常生活中由于各种原因和意外造成身体行为的临时性障碍，导致日常生活中站立起坐、攀爬楼梯、获取物品、设施使用等简单行为发生变化。因此通用无障碍并不是仅仅服务于个别群体，而是有益

图 3-1 携带行李负重行走过程中的各种障碍

于所有社会成员，帮助所有有需要的人获得更高的生活质量。

让无障碍设计贯穿每一个细节的前瞻性理念是让更多的改造成本转换到最初的建造设计过程中，毫无疑问具有前瞻性的通用无障碍设计、建设成本远远低于未来拆墙补洞式的改造成本，更重要的是，一般来说既有建筑的改

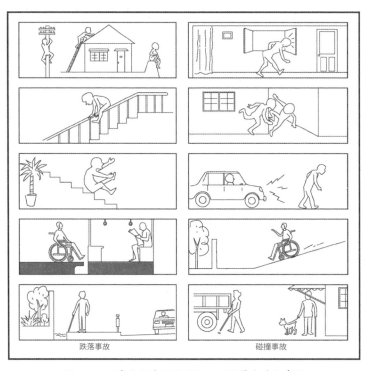

图 3-2 日常生活中偶发跌倒、碰撞等意外和事故

图 3-3　特殊环境下的偶发意外事故

造很难达成理想的效果。

（三）校园空间向社会群体开放，为建设国际一流的科教研平台提供支撑

校园不仅是教育和学习的空间，同时也是社会教学科研活动的重要载体，日常承担着频繁多样的科学研究、教育培训、商务交流等活动。

随着校园管理水平的提高，校园空间向公众开放的程度也日益提高。校园的环境建设不仅要考虑校内师生日常工作、学习中的需求，同时也考虑教师作为家庭成员的生活需求，不仅要考虑到师生的需求，同时也要考虑商务人群，甚至参观来访游客的需求。从某种程度上来说，高校的无障碍环境建设是面向整个社会，需要积极应对老龄化以及残障人权利平等等社会趋势及发展理念。

我国的老龄化率不断攀升，高龄化趋势逐步突显，根据国家统计局数据，2017 年末我国 60 周岁及以上人口 2.41 亿人，占总人口的 17.3%，其中 65 周岁及以上人口 1.58 亿人，占总人口的 11.4%。活跃在工作岗位上的老年群体，包括通过退休教师返聘等制度积极参与学校教学科研事务、创新创业工作的情况层出不穷。在校园里他们可能是学校管理者、教师、教师家属、商务交流者，或者是参观访客，不同程度地参与了校园环境的不同场景活动。而对于老年人来讲，随着年龄的增长身体机能开始退化，会在日常生活中出现不同程度的不便，甚至障碍，他们同样需要一个温馨体贴、包容友好的无障碍校园环境。

除此之外，对于国际友人、孕妇、幼童、社会残疾群体来说，他们也在一定程度上构成了校园空间的不同场景活动，校园无障碍环境建设同样需要充分考虑他们的需求。孕妇在特定的时期会出现身体机能、思维反应的迟缓；幼童由于身心发育尚不完整，行为方式也不成熟。我们可以通过物质空间的友好设计为他们增加一把安心、安全的保护伞，如低位设施、去除棱角的圆滑设计等细节；对于国际友人来讲，明确易懂的标识导航系统、校园无障碍地图、会议的字幕提示和同声翻译，以及对应特殊宗教、饮食就餐习惯等条件的需求都是通用无障碍需要考虑和解决的问题。

我国社会残障群体总量是一个不可小觑的数字，根据《中国残疾人联合会关于使用2010年末全国残疾人总数及各类、不同残疾等级人数的通知》显示，全国残疾人总数为8502万人，其中中度和轻度残疾人5984万人，约占总数的70%；视力残疾1263万人，约占总数的15%；听力残疾2054万人，约占总数的24%。我们可以从校园管理制度的优化调整做起，加强校园无障碍环境建设，譬如允许盲人带着自己的另外一只"眼"导盲犬进入校园，让盲人有机会触摸和感知校园。

图 3-4
活跃在学术教育舞台的高龄专家教授

图 3-6
社会残障群体踊跃参与校园学术活动

图 3-5
校内各种无障碍国际学术交流活动

图 3-7
社会残障群体利用校内学术会议彼此交流

综合不同人群的实际需求，我们希望校园通用无障碍环境系统建设尽可能让不同认知程度、不同心理状态、不同环境、不同地域的用户群体，在高校空间内实现安全通行，享有公平教育、自由学习、工作和休闲娱乐的机会，更加彰显校园的人文关怀理念，有力助推包容开放的一流校园环境建设目标的实现。

二、谋求长远发展，编制校园无障碍环境系统规划

教育部在 2017 年提出的《特殊教育提升计划》（二期）中，明确提出加快发展非义务教育阶段特殊教育计划的具体要求，并提出"普通高等学校积极招收符合录取标准的残疾考生，进行必要的无障碍环境改造，给予残疾学生学业、生活上的支持和帮助……"的要求。

在此基础上，高等融合教育试点工作全面展开。中国残疾人联合会下发了《关于开展残疾人高等融合教育试点工作的函》（残联教就〔2017〕12 号），"十三五"期间在教育部大力支持下，北京联合大学等六所普通高等学校开展了高等融合教育试点工作。

顺应发展趋势，校园无障碍环境建设更应变被动为主动，制定一套以通用无障碍设计为理念，综合指导校园各层级的无障碍系统规划至关重要。对于新建校园空间，要让无障碍标准渗透到各个节点、各个环节、各个建设审批流程。对于校园无障碍环境改造，需要从现状调研出发，考虑现有条件下的可实施性以及未来改造的弹性，综合建立一套指导实施的系统规划，包括宏观的空间规划、中观的重要节点设计导则、微观的设施设备更新体系、全方位的服务支撑体系四个层次，各层次结合校园空间的服务功能，解决生活、教学、休闲等功能单元的实际需求，并做出全要素的统筹考虑和布局。进一步根据各类空间、各类设施的改造急迫程度，确定优先等级和实施时序，综合形成推动校园无障碍环境建设的规划指导方案。

三、基于通用设计的理念，加强校园环境建设

国外有些校园为了减少非机动车进入校园休憩空间，设计师运用了巧妙的设计手法限制了自行车的进入，提高了管理效率，降低了管理成本，设计既限制了自行车的进入，又满足了轮椅使用者的通过需求，保证了轮椅使用

者的优先权，而不是为了方便管理一刀切地阻碍所有使用者进入。

图 3-8
为满足轮椅通行，限制非机动车通过的
限流杆弧形巧妙设计

图 3-9
仅满足健康群体单人步行通行的
限流杆

　　增加无障碍设施同时意味着需要提升整体环境的管理水平，为更多人创造安全便捷的条件，需要我们从使用者的角度去思考更合理的设计方案。改造设计中，我们应秉承为所有人设计的专业态度，以无障碍通用设计理念为指导，通过设计创新综合提升无障碍环境品质，形成优化设计、灵活设计的策略。

　　在实际建成环境中，我们常见的另一类问题是建设过程中虽然选择了合理的部品、构件，但由于部件及部品的施工建设过程出现了偏差，譬如安装方式不对、组合方式不对等状况，导致尺度的变化、使用不便。其核心原因在于缺乏以使用者的行为模式为出发点，缺乏系统化的考虑。基于上述问题我们提出要充分运用标准化、模块化的思维，统筹考虑建筑室内外空间各个重要无障碍节点的多要素，进行一体化的设计改造，并制定直观易读、指导建设实施的改造设计导则。

四、因地制宜选择改造方式，为远期建设更新预留弹性

　　新建校舍和改建校舍的无障碍环境建设在具体建设实践过程中，会因为限制条件的不同、改造程度不同以及改造方式有所差异。

　　新建校舍的校园无障碍环境建设应以国家标准《无障碍设计规范》为基础编制系统的无障碍环境规划，交通流线、建筑设计力争做到完全无障碍，避免后期改造造成浪费；必须保证完整的无障碍流线系统，并为替代方式预

留充足的空间，将无障碍理念充分融合到每一个细节。

我国的校园无障碍环境建设大多以改造为主，改建校舍的无障碍化受到各种现状条件的限制，面临的挑战更大。本节将以改造为重点分析改造过程中所面临的各类限制因素，并提出可应对的策略。

（一）改造过程中的诸多条件限制

1. 较大的自然地形高差

自然地形的限制主要体现在两个方面：一类是校园整体环境处于丘陵、坡地等高差较大的自然地理环境中。现有建筑设计依山就势，建筑出入口与道路的关系相对复杂，校园内整体的慢行体系坡度较大、难以连续等；另一类是校园规划设计通过造山理水、场地地形塑造的方式让校园空间变得更加立体，但与此同时如果缺乏无障碍体系的考虑，会让立体变成了障碍，对残障及弱势群体来说只能远观，失去了空间体验的机会。

针对复杂的地形环境，可采用"先局部后整体"的改造方式，优先实现建筑出入口无障碍环境的改造，建立一条与校园就近出入口之间完整的无障碍慢行体系。对校园整体空间来说，至少保障连通校园学习、就餐、就寝"三点一线"的无障碍慢行路径改造，并尽可能建设一条串接校园特色建筑、特色空间的无障碍路线。

针对局部造山理水、地势营造的情况，我们应充分尊重现有场所设计理念、文化内涵，合理地进行入口及核心景观点之间路径改造，以保证核心景

图 3-10
让轮椅使用者望而却步的建筑入口大台阶

图 3-11
校园内通过微地形塑造形成的自然生态空间

观具有可观性、可达性。

2. 既有建筑的整体格局限制室内空间改造

对既有建筑的无障碍环境改造，同样会受到现状整体风貌、建筑结构、建筑管线等因素的制约，进而增加了无障碍化的难度。

譬如，入口坡道的增设可能会与既有建筑完整的外立面形态、入口高台阶意向等风貌形成冲突；增设无障碍电梯可能会由于建筑整体承重结构方式而增加建设造价；无障碍卫生间改造可能会由于现有排水管线布置方式、卫生间尺寸而受到限制；由于室内走廊空间面积较小，使得无障碍坡道的增设更加困难等多方面的限制。

因此在改造过程中，我们应充分尊重建筑设计的整体设计理念，利用巧妙多样的设计方式实现整体融合。譬如，对于建筑入口空间无障碍坡道改造，我们可以选择接近外部无障碍联系通道且不影响建筑主立面形象的入口进行改造；建筑内部的无障碍流线应充分考虑现有功能布局，形成连通建筑主导功能单元、无障碍卫生间、无障碍电梯改造、无障碍坡道、无障碍席位等要素的无障碍流线，既不能破坏建筑结构，又要合理控制造价成本，最终满足使用者需求。

3. 节点周边改造的空间规模受限

图 3-12
老旧建筑内高台阶处对无障碍改造的限制

图 3-13
传统风貌建筑通过协调与周边
环境的整体关系加建坡道实现
入口无障碍

图 3-14
牛津大学历史建筑内加设与整
体格局相协调的无障碍电梯

　　该类改造主要是指改造的空间受到长度、宽度、高度的限制，难以在空间上落位。因此建议通过调整空间功能、设施类型，让功能更复合、设施更加通用化。譬如，建筑出入口周边用地局促，入口坡道的长度和宽度不够，增设过程中需要协调周边道路红线、停车场用地、绿化休憩空间等获取更多的改造空间。因此，在保证各类功能正常使用前提下，通过协调入口处理方式实现安全、美观的无障碍整体环境。

　　4. 文物保护单位的严格要求

　　有些高校内存在历史保护性建筑等各种需要进行保护的建筑物或构筑物，这类设施由于历史原因往往缺乏无障碍设施。针对文物类建筑、园林等进行无障碍改造时，应严格遵守《中华人民共和国文物保护法实施条例》，在不破坏文物保护单位，不对受保护文物造成威胁或损害的前提下，合理选用改造部品，统一材料形式，增设出入口坡道以及室内其他无障碍设施。在条件不允许之处，可通过设置临时性无障碍设施保证无障碍环境改造的可行性。

（二）合理应对，安全可达，标准先行

无障碍环境的改造绝非形式化，安全可靠是前提。即使面临多重条件限制，也要严格按照实施标准，从使用者的需求出发，通过服务支撑、智能设备等方式来努力实现空间改造上的不可能，建设安全舒适的校园空间。

1.必须满足标准范围的低限

校园中老旧建筑无障碍改造难度很大，改造过程中尽可能满足规范标准的较高要求，选用当下较为先进的设施，即使受到各种限制，也必须满足标准范围内的低限。

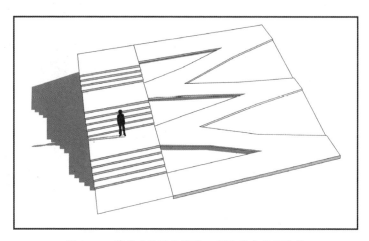

图 3-15　连续台阶附近增设 Z 形坡道实现无障碍

2.新型无障碍智能设备

随着信息化时代物联网系统的搭建，用人工 AI 及智能设备服务于人类的趋势成为必然。在既有建筑内增设电梯往往会受到很大的制约和挑战，因此在条件允许的情况下可选用无障碍楼梯升降椅、爬楼机、爬楼车等设备来替代；在无障碍步行体系中，由于现状步道宽度不够，取而代之可以考虑建设电子导引系统"虚拟盲道"的方式以解决实际需求；日常教学生活中，我们同样可以充分利用为残疾人设计的小型高科技手持终端设备，如手势语音转化器、耦合线圈助听器等设备，尽可能让残障群体获得更加公平的空间认知和场所体验。

3.临时性无障碍设施

对于在现实情况下无障碍改造不可行的地方，可按照具体需求铺设临时

图 3-16
室内通过加设无障碍楼梯升降机实现
垂直交通无障碍

图 3-17
各种限制因素下选择增设临时性活动
设施的解决方式

图 3-18
室内台阶处通过增设临时设施，
并提供人力辅助

性无障碍设施，并配备必要的人工辅助，保证安全。需要特别注意的是，临时性无障碍设施终究是缓解现状问题的暂时举措，而建设、改造符合标准规范的无障碍设施才是长远之计和根本解决途径。在使用临时无障碍设施时要特别谨慎，尤其要特别注意事先向利用者，特别是向残障朋友做出周到、温馨的解释和说明，保障利用者的人权和选择权，避免无谓的误会。同时，也希望不同的利用者群体理解我国校园无障碍的发展的现实以及实际操作过程中的诸多无奈，以包容、发展的心态和胸怀循序渐进地共同推进无障碍事业的发展。

五、根据轻重缓急，制订分步实施计划

（一）第一步：新建空间全面落实无障碍环境建设

新建项目的构想设计、审批过程、建设落地应严格按照无障碍设计标准的相关规定，将无障碍机动交通、非机动交通、步行流线统筹考虑融为一体，实现建筑主要出入口的无障碍设计，建筑基地内的人行道应形成无障碍

通道环线，建筑周边环境与公共无障碍环境联通成网，建筑基地内布置一定数量的无障碍停车位。

建设方案同时需要考虑未来维护改造过程中的弹性预留空间。建设及维护过程中必须保障无障碍建设资金，不得擅自压缩取消无障碍设施，必须切实保障残障人自强自立生存和发展，同时提高其他社会成员的生活质量，共同建设美好和谐的社会环境。

（二）第二步：系统解决慢行体系的无障碍连续性，让建筑出入口无障碍可达

在校园环境无障碍改造过程中，实现校园主要道路与建筑主要出入口之间的无障碍连续性是首要的。因此改造道路路缘石坡道、完善的标识指引体系、建设校园无障碍地图、增设建筑主要出入口无障碍坡道等事项是首先需要进行的改造内容。

（三）第三步：各个楼栋结合改造急迫程度，由点及面实施无障碍环境改造

校内建筑的无障碍环境改造项目往往规模大，涉及楼栋数量多，单项工程关乎局部节点、设施设备、服务网络等复杂的分项体系，改造难度与原有建筑结构、布局、设计理念相关，复杂程度不一。

改造迫切度高的空间一般与残障群体使用频率相关，使用频率越高，改造迫切程度就越高，同时改造项目的进行要考虑是否影响高校教学生活的正常开展。因此，要积极争取建设资金为改造注入动力，将改造有序地纳入院系建设计划。

基于上述复杂的影响因素，建筑改造工作的开展可由点及面，校内相关管理部门可通过调研问卷获得相关数据为决策提供支撑。院系楼的改造按照自身迫切程度向校内申请改造项目，其他项目的改造由校内统筹资金分时序进行。

结合国内外案例，校园内建筑无障碍环境改造时序的安排可根据实际情况参照以下步骤。

（1）障碍群体高频率使用建筑的系统无障碍环境改造，即涉及衣食住行的建筑楼栋，主要包括宿舍、食堂、公共教学楼、专业教学楼、专业图书馆等；

（2）师生及社会群体高频率使用建筑，主要包括公共教学楼、公共图书馆等；

（3）校园代表建筑／大型公共建筑，主要包括主楼、校史馆、艺术厅及音乐厅、体育馆、游泳馆等；

（4）校园行政服务管理楼栋；

（5）其他楼栋。

（四）第四步：室内空间根据功能模块使用频度，分步优化建筑内部无障碍环境

在优化建筑内部无障碍环境改造中，我们可以按照建筑平面可达、满足生理需求、垂直可达、实施主导功能模块改造的顺序层层推进。

建筑内部空间的无障碍改造的重点实施单元主要包括：①建筑水平交通空间、垂直交通空间，包括门厅、走道、楼梯、电梯等设施；②卫生设施及水房辅助模块，包括卫生间、水房等设施；③其他建筑主导功能模块，包括教室、办公室、会议室、报告厅、借阅厅、展览厅等设施。

第二节　校园无障碍改造规划、设计的基本方法

一、通过问卷调查的方法，定量分析现状

问卷调查主要用于掌握被调查者、利用群体对各种设施的使用情况、对无障碍设施的需求和真实感受。作为校园无障碍改造规划的基本方法之一，我们通过所做的校园问卷调查和分析进行说明。

（一）问卷调研对象

问卷调查主要面向全校师生员工，以及经常出入校内的家属和社会成员。问卷调查达到全校师生总量1%，整体上保证了样本总量，以支撑数据分析结果。样本数量结合各院系师生总数自上而下分配，结合被访对象基本特征，进行相关问题的相关性分析和定性分析。具体调研形式可灵活设置，可以采用线上电子问卷和线下纸质问卷相结合的方式。

譬如，对"无障碍环境认知及满意度调查"，通过在校园 info 和各系馆张

贴海报进行推广，采用网络填答的方式收集基础数据。在一项校园无障碍环境调查中，共收集有效问卷 370 份；其中学生占总数 67%，在编教师、职员和已退休人士占 33%；男性占 45%，女性占 55%；19—30 岁占 70%，31—50 岁占 24%，50 岁以上占 6%；理工科占 60%，人文社科占 40%；专科生占 9%，本科生占 41%，硕士和博士占 50%。

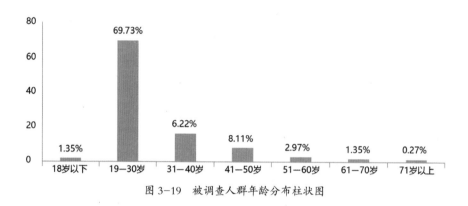

图 3-19　被调查人群年龄分布柱状图

（二）问卷调查内容

通过问答调查可以促进公众参与，一方面可进一步增加师生对无障碍理念的认知、关注、支持动力，让全校师生真正参与校园无障碍环境提升工作，另一方面可通过问卷调查全面了解全校师生的高频率使用空间、对无障碍环境认知度、关注度、无障碍设施迫切需求程度、校园无障碍道路环境建设及维护情况满意度、无障碍建筑建设及维护情况满意度，并从自身出发提出具有建设性的无障碍环境改造建议。问题设置方式简单易懂、循序渐进，具体问卷以单选题为主，配合多选题、排序题，少量主观题。以校园无障碍环境改造项目的前期调研结果为例，围绕上述核心问题设置了详细问卷，期待为后期校园无障碍改造的实施提供有力的决策支持。如：

（三）与无障碍环境相关的概念

表 3-1　被访者对无障碍相关概念的认知情况统计表

选　项	小　计	比　例	
可达性	283		76.49%
通用性	234		63.24%
包容性	248		67.03%
无障碍性	316		85.41%
本题有效填写人次	370		

问卷数据统计结果反映出对无障碍理念更多地理解为"可达性"，与"通用性""包容性"关系较弱；这意味着需要进一步普及校园无障碍环境的认知观念，在达成共识的前提下才能真正提升对残障群体的服务水平。

1. 您对无障碍设施的关注程度

问卷数据统计显示，人们对于无障碍设施的关注度与年龄、受教育程度呈现正相关，年龄越大、受教育程度越高对无障碍设施的关注度也就越高。其中，本科生的关注度为 67%，硕士 73%，博士 84%，但与被调查人士的性别、专业背景没有明显的关联性。

2. 您认为无障碍设施的服务群体

问卷数据统计显示，被访人士普遍认为无障碍设施主要针对高龄老人、身体残障人士、婴幼儿和孕妇。从广泛意义上理解，无障碍是服务于全体民众，是具有普适性的。

3. 您认为重要的无障碍设施类型

问卷数据统计显示，校内被调查者公认的无障碍设施排名（前五）依次为：无障碍卫生间、无障碍通道、无障碍电梯、盲道、安全扶手。现实被访者主要关注物质环境的无障碍，对信息无障碍建设关注程度较低。

4. 您在校园内使用频率最高的无障碍设施

问卷数据统计显示，校内被使用频率最高的设施依次为（前五）：无障碍通道、无障碍卫生间、缘石坡道、无障碍电梯和安全扶手。

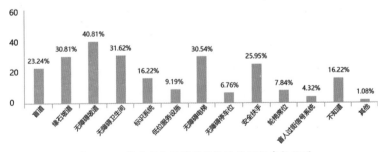

图 3-20　校内现状无障碍设施的使用频率柱状图

5. 您对校内交通安全出行的满意度评价

问卷数据统计显示，校内被调查者超过 70.8% 以自行车作为主要交通工具，14.05% 依靠电动车，12.97% 以步行为主要交通方式。校内公交的使用频率较低，只有 28% 被调查者表示乘坐过校内公交。

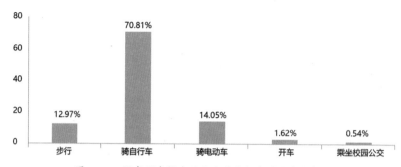

图 3-21   问卷调查校内现状主要出行交通方式分析图

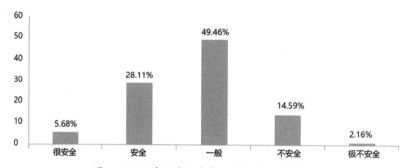

图 3-22   问卷调查校内出行交通安全性评价图

对于校内交通安全环境，占比 28.11% 被调查者认为交通环境安全，49.46% 认为环境一般，有待提高；14.59% 认为校园交通环境不安全。

6. 您使用频率最高的片区，以及对片区无障碍设施建设满意度评价

表 3-2   问卷调查校园各功能片区无障碍设施使用满意度评价表

片区	非常满意	满意	不太满意	不满意	非常不满意	不了解	小计
主楼南片区	0%	19.83%	51.24%	9.92%	8.26%	10.74%	121
东北宿舍	0%	21.95%	37.8%	10.98%	4.88%	24.39%	82
中央宿舍教学区	0%	25.93%	40.74%	7.41%	1.85%	24.07%	54
大礼堂周边区	0%	34.09%	45.45%	6.82%	2.27%	11.36%	44
西北片区	0%	22.73%	50%	9.09%	0%	18.18%	22
东部新片区	0%	55%	35%	0%	0%	210%	20
西部近春园片区	0%	18.75%	43.75%	6.25%	0%	31.25%	16
东大操场片区	9.09%	27.27%	27.27%	18.18%	0%	18.18%	11

调查结果显示，校园功能片区按照使用频率的高低依次排序为：主楼南片区、东北宿舍区、中央宿舍教学区、大礼堂周边区；结合校内功能结构分析，反映出专业院系楼、公共教学楼和宿舍区是使用频率最高的三大片区，贯穿了校园生活两点一线的使用特色。

各片区无障碍设施满意度评价结果显示，以新建为主的东部新区满意度较高，历史风貌区满意度最低。可以说校内新建片区在无障碍设施环境建设上得到了较大的提升。

7. 您对校园的无障碍设施维护状况评价

问卷数据统计显示，校内无障碍设施维护水平有待提升：占比 70% 者认为设施状况一般，有待改进；约 12% 认为设施状况较差，经常无法使用；约 9% 认为几乎没有维护。

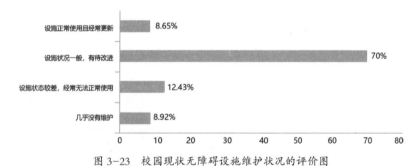

图 3-23 校园现状无障碍设施维护状况的评价图

8. 您认为校园无障碍设施存在的问题（多选）

问卷数据统计显示，约 60% 被调查者认为校内无障碍设施类型不齐全，51.62% 认为数量不足，43.51% 认为经常被占用，37.57% 认为没有得到及时维护，32.43% 认为设施不符合实际需求，不清楚的占比约 14%。

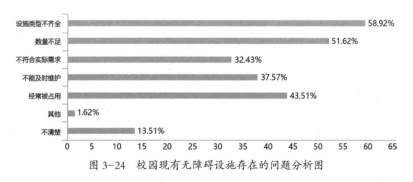

图 3-24 校园现有无障碍设施存在的问题分析图

9. 您认为校内迫切改造的空间类型

问卷数据统计显示，被调查者认为需要迫切进行无障碍改造的功能单元依次为：教学楼（约 65%）、学生宿舍楼（约 54%）、食堂（约 53%）、医院（约 47%）、学院楼（约 32%）、大礼堂及音乐厅（约 26%）、商业服务场所（20%）、教职工住宅区（约 18%）、体育场馆（约 15%）。

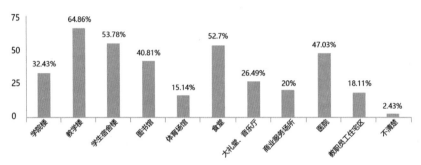

图 3-25　校园无障碍环境迫切改造区域的意愿分析图

10. 您认为在校内公共活动空间增设公共卫生间的必要性

在校园内有大面积的公共空间，便于人们进行娱乐休闲，但其缺少相应的公共设施。调查中，对是否在公共活动空间设置公共卫生间进行了调查，90% 的被调查者持支持态度，建议在室外场所设置公共卫生间。

11. 您认为在校内成立专门的无障碍支援机构，开展专项工作的必要性

校园无障碍建设是一项系统性和持续性工作，近 84% 的被调查者认为应该在校内成立专门的无障碍支援机构，由相关部门负责人共同组建，开展无障碍专项工作。

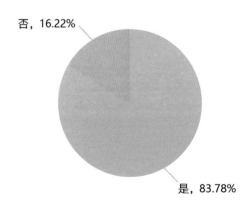

否，16.22%

是，83.78%

图 3-26　校内被调查者对于设置无障碍支援机构的意愿分析图

12.您关于校园无障碍环境建设的建议和意见

调查结果显示，被调查者认为：在校内首先要解决的问题是无障碍通行环境，包括建筑物出入口的无障碍通行、增强非机动交通的便捷性两方面；其次要加快建立专门的组织机构，指导校园无障碍改造；第三是加快宣传师生对无障碍理念的认知，充分理解无障碍建设的意义；第四是要制定校园无障碍环境建设标准，形成指导校园无障碍改造的技术规范；第五是实现信息传播的通畅，开展校内网站系统的信息无障碍改造。

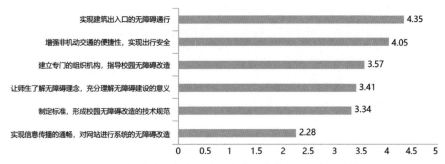

图3-27 校内被调查者认为无障碍环境建设优先采取的措施

13.关于无障碍的个性化建议

对于校园无障碍环境建设，通过调查问卷收集到很多全面理性、具有独到见解的建议，主要从规划、理念宣传、设施类型、设施维护方面提出的意见和建议，具体包括加强无障碍理念宣传、编制无障碍系统规划、优先解决人行道被占、公共建筑增设母婴室等问题，其中全面且具有代表性的建议有：①希望学校领导层可以多关注弱势群体在校园的生活环境，多进行宣传，做出实际行动；②做到五个落实：责任部门、规章制度、人士到位、资金保障、监督反馈；③校园建设对于听力残疾人士关注较少；④积极抓紧组织无障碍系统规划，设立校园改造领导小组，分步按计划进行改造，普及无障碍理念，奖励无障碍先进集体和个人。

可以看出，无障碍理念的认知在某些人群类型中已经深入人心，从个人认知，到政策及标准颁布，到项目全面推行的路径很清晰，需要大家的共同关注与积极推动。

二、对各类人群组织深入访谈，情景带入寻找改造重点

深入访谈调查的方式是作为问卷调查的重要补充进行的；深访对象重点针对校内残障人士及陪护人员、高龄教师、孕妇教师、女教师、运动爱好者等群体，通过深入观察各类被访群体的行为习惯与特征，以访谈者主观具有逻辑性带入的访谈方式进行，深入访谈被访者并关注其回答结果的背后真实原因，通过更具有场景体验的跟踪观察促进设计方式的创新。

访谈关键问题：

访谈提纲主要以调研问卷为模板，在完成问卷的过程中，通过面对面了解被访者给出答案的方式，做出进一步挖掘和研究，去深入了解影响被访群体对现状使用满意度的具体原因，包括目前高频率使用的道路、开放空间、建筑设施等出现的问题；让被访者表达当前对校园无障碍环境改造建设的迫切需求，个人希望出入顺畅，但现状障碍点较多的场所，以及推动校内无障碍环境建设的建议等，这种具有针对性的访谈往往能发现更多的问题，激发新的灵感。

访谈过程中以问卷回答、访谈记录为主要方式。在被访者同意的前提下可通过跟踪调查，去切身感受被访者谈到的具体问题，寻找解决问题的思路，并将问题通过影像、图表、文字等方式详细记录。

深入访谈的过程中可从以下几个方面展开：

第一步，基于问卷的访谈。

访谈方式以问卷作答、发散式思维访谈、文字笔录为主；与问卷调研的不同在于能够通过面对面沟通的方式了解被访者填写问卷的主观思维、真正动因。

第二步，被访者描绘校园的认知地图。

主要以被访者图绘、标记、描述的方式为主；直观了解残疾群体日常生活、学习方式、行为习惯、校园无障碍环境建设现状之间的关系。

第三步，被允许的前提下与调研访谈者随行，了解日常生活轨迹。

在受访者同意的前提下，以残障人士作为重点对象，观察受访对象在出行、生活、学习、运动等过程中遇到的障碍点、采用的临时措施以及提出的建议。通过拍照、文字笔录等方式详细记录观察重点。随行者通过直接参与的生活体验方式，通过了解、体验残疾群体在生活行为中的不便而获取直接感触，有助于从问题导向角度去优化无障碍设计。

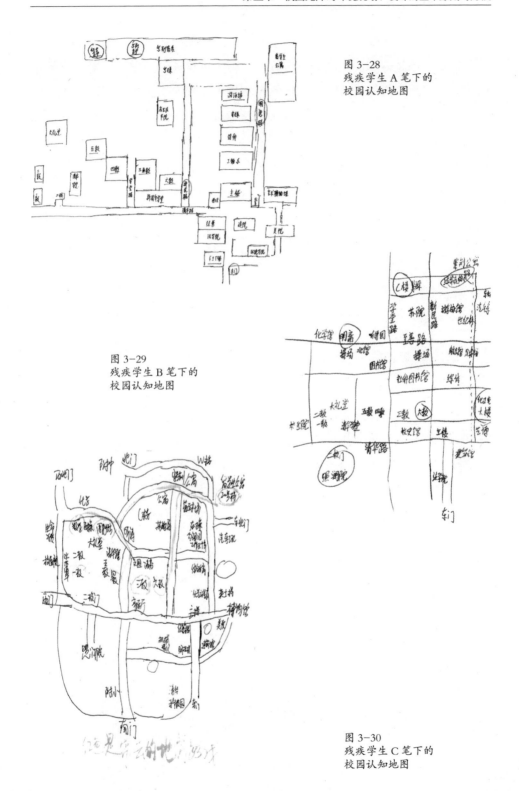

图 3-28
残疾学生 A 笔下的
校园认知地图

图 3-29
残疾学生 B 笔下的
校园认知地图

图 3-30
残疾学生 C 笔下的
校园认知地图

由校内三位残障学生所绘制的校园认知地图手绘稿，直观地表达了残疾学生日常生活轨迹和所认知的校园环境。偌大的校园，残障学生对校园的认识却只有很小一部分。校园认知地图是我们了解残疾学生与校园环境融合程度的良好途径，有助于促使设计者、管理者对校内无障碍环境现状的认识和反思。

不可否认影响认知地图的因素很多，比如被访者属于低年级新生对整体环境熟悉程度不高，或者被访者日常学业生活特别忙碌而在校园出行、交流、休闲时间较少等，需要通过进一步交流、了解以明确具体原因。譬如可以对以下事项进行进一步探访了解：

（1）对于残障群体来说，图中所描绘的认知范围哪些属于必经地段和场所，而这些场所无障碍设施水平如何？（2）哪些是知道，但从未去过的场所，为什么？（3）哪些是去过一次，但缺乏无障碍设施再也没去的场所。

三、详细调查物质空间，系统诊断改造可行性

（一）调研过程及记录方式

对于改造类的无障碍环境建设，实地调查是非常重要的一环，能全面了解校园整体环境与无障碍设施现状建设水平以及设施维护情况等，在现有建设情况下分析各类无障碍设施的空间分布、建设程度，确定改造重点、改造难点，从安全性、可达性、连续性、前瞻性等做出整体评价。

主要调查的设施类型包括：交通信号系统、无障碍停车位、缘石坡道、

图 3-31
建筑周边的缘石坡道

图 3-32
建筑出入口坡道及周边环境

盲道体系、校园地图及路牌等标识系统、建筑入口坡道、室内门厅及通道、无障碍电梯、无障碍卫生间、轮椅席位、低位服务设施、无障碍视听设备等。不同建筑因功能类型不同需要结合具体建筑类型设计规范、设计细节进行综合考量。

　　调查过程中，可分为道路、开放空间、围绕建筑的无障碍这三类体系，前两者主要从连续性考量和记录。现状建筑的无障碍环境考查主要以楼栋为基本单元，通过影像拍摄、图纸、表格的方式详细记录设计中需要重点关注的内容，全面摸清现状情况。

图 3-33
建筑出入口门厅设置方式

图 3-34
低位服务设施及周边尺寸

图 3-37
建筑内部电梯及前室空间

图 3-35
建筑室外楼梯

图 3-36
建筑内部楼梯及扶手

图 3-38
建筑平面分布指引

图 3-39
建筑内部通道楼层指引

图 3-40
卫生间标识指引

图纸记录：选择能够详细记录空间上各类设施的标注方式，进行现场图纸手绘，具体包括周边慢行道路的路缘石阻隔点、节点开放空间的出入口及台阶断点、建筑周边停车位及无障碍停车位分布、建筑出入口分布、无障碍出入口及坡道设置方式、建筑内的无障碍卫生间及无障碍厕位有无、电梯数量及无障碍电梯有无以及分布情况。

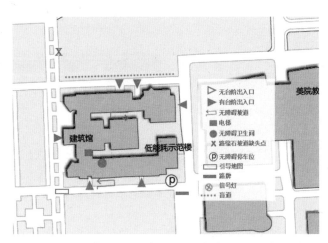

图 3-41　建筑周边无障碍设施分布情况记录示意图

表格记录：基于图纸记录的基础上进一步对无障碍建设水平进行调研和分析数据；调研过程中打钩记录设施有无，测量并记录现有设施重要尺寸、设施周边影响下一步改造的整体环境空间尺寸。现状分析对表格记录做出整理统计，形成现有无障碍设施有无分布情况、现状建设水平评价、改造可行性等翔实基础材料。

影像记录：作为现状设施建设情况的翔实数据库，是图纸记录、表格记录的重要补充，也是经常使用的调研方式。

（二）对各类设施进行诊断，形成现状无障碍设施地图

整合形成现状无障碍设施地图：通过对图纸记录、表格记录并结合影像记录做进一步核实比对，对校园各类无障碍设施分布进行空间梳理，形成各类无障碍设施分布图，整合为现状无障碍设施校园地图，综合反映出各类设施的整体情况，以及各个楼栋整体无障碍环境的综合情况。

重点分析各类无障碍设施建设程度及改造难度：通过设施在平面分布的直观表达，能更加清晰地反映出各类无障碍设施的实际建设情况。结合现状情况比对各类设施建设标准，可对道路、游园、各个楼栋的无障碍设施改造难度进行评价。比如，道路改造往往受到道路坡度、道路红线的限制，拓宽、调整坡度难度较大；景观园林改造受到自然高差、山水环境、场所塑造的限制，克服高差形成通常的无障碍游线的难度较大；建筑内部各类设施的改造，在建筑结构、现状管线的限制下改造难度也比较大。

（三）现状机动交通系统及无障碍停车场分布情况

调研过程中重点分析校园现状机动交通系统骨架、停车场分布、无障碍停车位空间分布、停车位与停车场出入口的相对关系、无障碍停车位建设水平，以及就近停车场到建筑之间的重要阻碍点，之后结合校园总体规划提出改造措施。

校园内现状道路骨架已经成形，校园内部分路段通过限时通行、禁止通行等管理措施以增强非机动车通行安全性，减少机动车交通对校园教学科研和生活环境的干扰；道路两侧建筑大都基本建成，难以通过拓宽方式增加步行道宽度。

通过调研数据整理发现，现有无障碍停车位总量较少，占比低，覆盖面积小，调研还发现部分普通停车位实际尺度较宽，但由于缺少标识，在统计过程中一并计入普通停车位；部分普通停车位周边可改造的空间余地较大，可结合整体需求增加无障碍停车位数量，扩大覆盖面积。另外，现有无障碍停车位普遍存在的问题是无障碍标识以地面标识为主，缺少指引性较强的标

识标志，不便寻找。需要进一步规范和加强无障碍停车位的标识的设置。在必要情况下可考虑增设女性专用停车位、家庭专用停车位。

图 3-42　校园现状机动车道路体系分析图　　　　图 3-43　校园现状无障碍停车位分布图

图 3-44　校园无障碍停车位

（四）现状无障碍慢行体系分析

调研过程中，重点记录校园内慢行体系中缺乏路缘石坡道的路段，作为未来改造重点。

骑车、步行是高校师生在校园内日常出行的主要交通方式。

既有校区中，现状机动车道路体系没有做到完全的机非交通分离，主要为一块板分幅方式，机动车、非机动车行驶在同一路板上；因此在上下课的高峰时段，自行车流、电动车流、机动车流出现较高程度的混合，从轮椅使用者角度考虑，轮椅速度相对较慢，在相对快速的自行车流中存在安全隐患。而对于轮椅使用者应该选择步行道还是慢行车道，是一个需要重点考虑的问题，是否应该给轮椅使用者划分出独立的道路行驶空间，需要具体分析各类道路等级、使用者出行情况才能形成具体解决方案。

　　校内部分机动车路段存在没有独立的步行道，或者步行道较窄的情况。与此同时，道路上存在照明、景观树池、指引体系、景观小品等设施，在步行道宽度有限的情况下减少了步行道的有效通行宽度，无法形成连续的盲道空间。

　　对标《无障碍设计规范》（GB50763-2012）对校园现状步行道体系进行分析，通过图示清晰表达出现状路缘石存在的各种障碍。在此基础上将现有步行体系与路缘石阻隔点叠合分析，可直观表达出需要改造的重要路段。

图 3-45　校内轮椅使用者通行情况

图 3-46　路缘石坡道没有做到零高差

图 3-47　人行道铺装材料不宜轮椅通行

图 3-48　交叉路口缺少缘石坡道

图 3-49　校园现状路缘石阻隔点分布图　　　　图 3-50　校园现状步行体系分析图

（五）现状交通空间标识指引体系分析

调研过程中，重点记录机动车道路体系上的过路信号灯、提示音的分布情况，以及所有道路交叉口的指引体系（交通指引／建筑指引）和重要节点的校园地图分布。

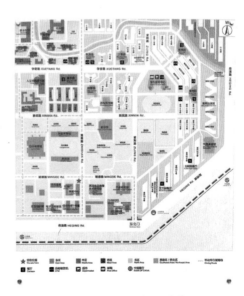

图 3-51　校园地图指引牌现状分布图　　　　　图 3-52　校园地图指引牌

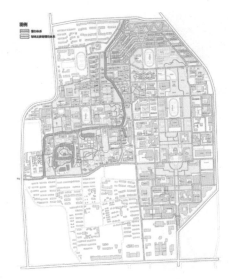

图 3-53　校园公共游园现状步行路径分布图

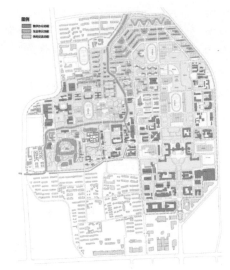

图 3-54　现状校园建筑功能分布图

通过调查发现，校园内的标识指引体系主要包括校园平面图导示牌、路名牌。

（六）现状公共景观庭园的游线分析

调研过程中结合校园影像图、矢量地形图，重点记录游园步行道分布，以及游园步道体系中存在的小高差、多步台阶、微地形缺少坡道等障碍点。主要包括广场、滨水绿带、校园中轴绿化、公共景观庭园等类型。

（七）实现建筑入口可达的楼栋分布情况

调研过程中，重点记录各楼栋所有出入口，以及有坡道的无障碍出入口分布情况、出入口坡道是否满足标准、出入口与校内慢行体系之间的障碍点。

分析校园常见的功能布局。校内主要包括的建筑类型有：面向生活服务的宿舍公寓、食堂、商业服务场所等楼栋，开展教学研的教学楼、院系办公楼、图书馆、体育场馆等建筑，以及提供休闲交流场所的运动、展览、艺术表演、活动聚会等大型公共建筑。

对标《无障碍设计规范》（GB50763-2012），分析各类建筑出入口存在的障碍问题。譬如建筑出入口缺少坡道的现象较为突出，无障碍出入口与无障碍慢行体系之间存在障碍点，部分现有坡道坡度大、缺少无障碍坡道标识、缺少扶手或扶手样式不符合规范、无提示盲道、坡道被人为占用等现象。

图 3-55
校园内以高大台阶为主的
建筑物比比皆是

图 3-56
建筑入口有坡道无扶手,
坡度大

图 3-57
入口无障碍坡道过于隐蔽

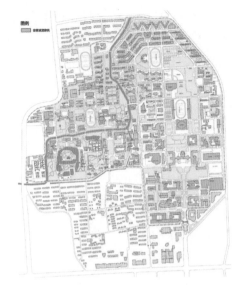

图 3-58　校园内建筑出入口有坡道的建筑分布图　　　　图 3-59　校园可达建筑分布图

　　通过叠合分析建筑周边路缘石通畅性、建筑入口有坡道、无障碍台阶、无障碍门四个要素，分析校内现状建筑可达的建筑分布情况。

（八）建筑内垂直交通电梯分布及无障碍环境情况

　　调研过程中重点记录建筑楼栋中是否有电梯，电梯前室尺寸、电梯尺度、低位及盲文按键、声音提示、电梯扶手、电梯镜等有无情况，是否满足标准。

图 3-60　校园现状有电梯的建筑分布　　　　图 3-61　校园建筑实现垂直可达楼栋的分布图

在校园中除去平层建筑，叠合分析无障碍路径可达、无障碍建筑出入口可达、无障碍电梯三个要素，即可现状条件下能够实现连续无障碍且垂直可达的建筑分布图。

现状已设置的电梯中少量电梯轿厢尺度偏小，部分缺少低位按钮、盲文、语音提示等无障碍设施，下一步需根据改造可行性加以改造或更新。

图 3-62
电梯内无盲
文按钮

图 3-63
电梯内无低
位按钮

图 3-64　门宽不够

（九）建筑重要辅助功能：无障碍卫生间、水房

重点记录楼栋内是否有独立的无障碍卫生间或者独立的无障碍厕位、无障碍厕位的可进入性（卫生间门、厕位门、卫生间回转空间）、厕位内是否有相关无障碍设施（扶手抓杆、报警器、挂钩等）以及无障碍设施是否安装到位。

图示为校园现有建筑楼栋内已设置无障碍卫生间或厕位的楼栋分布图。叠合分析当前能够实现垂直可达的建筑、设置有标准无障碍厕位或卫生间的两个因素，即可得到当前能够基本实现建筑无障碍的建筑楼栋分布。

图 3-65
无低位小便池

图 3-66
安全抓杆不完善

图 3-67
轮椅回转空间不足

图 3-68　校园设置无障碍卫生间建筑分布图

（十）建筑主导功能空间无障碍设施

调研过程中重点记录各楼栋内主门厅空间、主导功能空间内是否设置有低位服务设施、无障碍席位、辅助视听设备、无障碍学习办公的家具、讲台是否实现零高差等设计细节和设施设备的安置情况。

如图所示，校园部分食堂内桌椅被固定，对于轮椅使用者来说难以使用，如果从无障碍角度考虑可设置部分灵活的桌椅，可根据具体使用方式合并、挪移，保证基本使用条件。如图所示，会议室内的听众席位也被固定，没有考虑预留无障碍席位，只能根据通道宽度临时停放。根据调研统计，校园内部观众厅、报告厅、阅览室、教室及食堂等楼栋中普遍存在缺少轮椅席位的情况，只有部分楼栋中设置了低位咨询台、低位电话、低位饮水器等服务设施。

图 3-69
食堂缺少无障碍进餐区

图 3-70
报告厅缺少无障碍席位

四、编制连续可达的无障碍路径规划及导则

校园是一个开放的动态系统，系统内各元素相互衔接协调才能维持校园的正常运作和发展。制定与校园总体规划相适应的无障碍专项规划，对无障碍空间类型和分布进行系统化配置，区分重点区域或路线，确认优先

图 3-71
缺少低位服务设施

级，合理分配校园有限资源非常重要。校园改造或新建的全过程，包括规划设计、实施施工、验收使用、管理维护，都应融入无障碍理念。

（一）交通空间无障碍路径规划及改造导则

通过分析校园现状机动车道路体系、慢行体系、建筑主要出入口分布情况，作为路径改造规划的基础底图，根据校园总体规划提出的新建设目标，编制校园无障碍路径规划。通过分析校园整体结构及功能布局，结合调研观察校园主要路径的人群使用特征，将无障碍环境细节设计全面贯穿于地面铺装、标识体系、建筑无障碍出入口处理等要素的综合。

1. 按照交通方式形成路径规划

步行无障碍路径

校园主要主入口—楼栋无障碍出入口的联系路径。

车行无障碍路径

校园公共停车场—楼栋无障碍出入口的联系路径。

2. 按照使用群体形成路径规划

校内参观路径

面向游客的校园出入口—标志性建筑—标志性景观间形成的游线路径。

学生路径

"三点一线"场景的路径，宿舍—图书馆—公共教室—专业教室—食堂的联系路径，以及串联到公共场馆—就近开敞空间的路径。

教师路径

校内住宅区—公共教学楼—专业楼—图书馆的联系路径。

校园规划要实现每栋建筑无障碍可达。

3. 待改造慢行步道路段分布

叠合分析校园内现状慢性体系的各类阻隔点，包括人行道缺少路缘石坡道、行进宽度过小、路面铺装材料不易通行、园路坡度过大、园路有台阶几个要素，可得知现状校园内待改造路段的空间分布。

4. 道路标识体系规划

标识体系是确保空间使用者有明确方位感的有效保障。标识引导牌应设置于校园出入口、结合道路交叉口、大型公共停车区、大量人流集散地等重要位置，并保证不同视角下具有清晰的识别度。

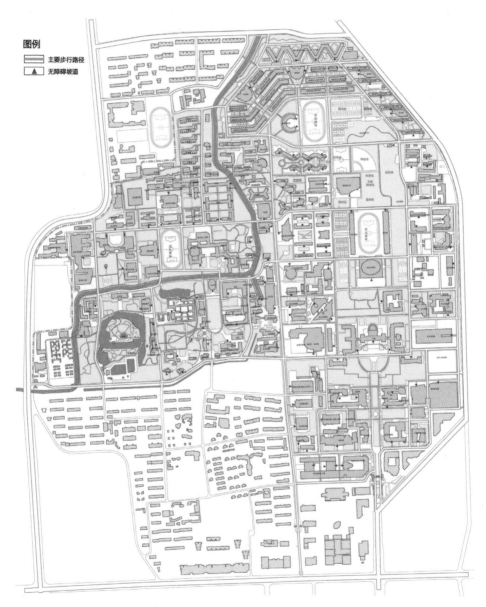

图 3-72 校园无障碍步行体系规划图

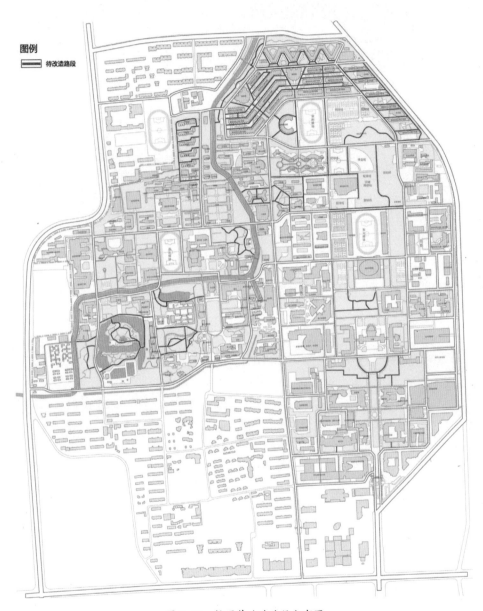

图 3-73　校园待改造路段分布图

如图所示，结合校园内现状机动交通道路体系、慢行体系、标识体系情况，规划拟新增道路名标牌、校园平面图导示牌。

图 3-74　校园道路标识体系规划图

5. 建筑无障碍出入口规划

建筑无障碍出入口是连通校内公共道路无障碍路径和建筑楼栋的重要衔接点，规划应合理选择建筑无障碍出入口，才能形成便捷的室内外无障碍路径体系。

在改造过程中，应综合分析各建筑楼栋所有出入口及周边空间改造的可行性，以及建筑内部无障碍功能模块流线的组织、外部车行及步行路径衔接的便捷度。在受到现状多方面限制条件下，规划中至少保证建筑楼栋的其中一个出入口改造为无障碍出入口。无障碍入口改造主要包括增设台阶扶手、增设无障碍坡道，必要情况下结合楼栋格局设置升降辅助设施几种方式。

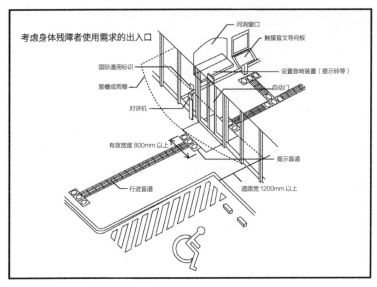

图 3-75　入口空间一体设计导则指引示意图

6. 交通空间无障碍路径改造导则

表 3-3　交通空间无障碍路径改造要点

功能模块	现状普遍问题	改造导则设计重点
非机动车道	宽度不够；使用过程中电动自行车速度过快	在满足基本通行的情况下，至少满足一辆电动自行车与一辆轮椅同时运行的宽度
人行道路径	部分路段人车混行缺人行道；铺装凹凸不平；违规停车占用路面维护不佳	合理处理人行道绿化树池、座椅、市政设施、通行路径的关系，满足拐杖者、视力障碍者、健康群体使用需求，宜做到两条平行人流的通行宽度；增设盲人辅助设施
路缘石坡道	路径不连续，接驳存在问题	形成连续的缘石坡道、提示盲道、过街人行道的无障碍路径
校内巴士站	缺乏醒目的标识体系；以临时停靠站为主，缺乏等候空间及设施；等候停靠站与上车高度之间存在高差	实现校园巴士站点的零高差；完善站点的指引体系、等候空间
交叉口标识体系	标识体系不全；标识高度、位置不合理	形成清晰的道路、建筑、交通提示灯等标识体系，满足视力、听力、肢体残疾，以及儿童、老人、孕妇等安全通行需求、方位辨识需求；标识体系具有高度清晰的识别性，设置风格与周边环境相互融合

（二）开放空间无障碍路径规划及导则

1. 开放空间无障碍游线

校内开放空间主要包括游园、滨水空间、节点小广场等形式，形成校内重要的公共绿化景观空间，是师生们的重要休闲放松的空间。场地设计往往更加富有层次，设计路径形成曲径通幽，通过台阶、地形高差等方式营造开合有秩的景观体系。

因此，对于开放空间的无障碍路径规划，建议至少形成一条无障碍游线，串接游园空间的出入口、重要观景点，实现空间的共享体验。

改造过程中，游园路要避免过于陡峭的地形变化，有高差时尽量以平缓的坡道相连，坡度不要超过 12%，地面使用防滑材料，两旁设置扶手，供行动不便者使用，也可以作为无障碍通道。坡度较大必须设置台阶时，每层踏步不要过高，并且在适当路段节点设置休息场所，设有指示路牌及介绍。

2. 开放空间无障碍路径改造导则

表 3-4　开放空间无障碍路径改造要点

功能模块	现状普遍问题	改造导则设计重点
场地出入口	存在高差；缺无障碍游线、缺整体平面景观指引	完善入口的可达、指引体系设计
路径	存在高差不连续；铺装材料不方便轮椅、视力障碍者通行；通行宽度不够，人流汇集时缺轮椅临时停靠空间	根据游园主题，至少设计一条串接核心景观节点的无障碍游线，解决游线上的各种障碍
核心景观点	高差问题；未从低位、听力、视力群体考虑对景观点的认知传达	丰富残障群体对空间感知的体验设计，包括材料、详解标识、声音、触觉、智能app的互动体验

（三）建筑内部的无障碍路径规划及导则

1. 建筑内部无障碍路径规划

建筑内部无障碍路径规划主要包括四大部分：具有指引性的门厅、实现垂直可达的电梯、无障碍楼梯、串接各功能模块的通廊。通廊形式可包括内走廊、外走廊，以及建筑连廊等。

2. 建筑内部无障碍路径改造导则

表3-5　建筑内部无障碍路径改造要点

功能模块	现状普遍问题	改造导则设计重点
门厅	门厅低位服务设施缺乏、门厅内缺少醒目清晰的楼栋楼层指引体系、门厅与建筑交通设施之间的流线指引不清晰	增加门厅询问处的低位服务设施；强化门厅空间的标识体系，起到服务、指引、分流的作用；建筑内部指引体系包括楼层平面图、公共走道中的导向标识
通廊	缺少扶手、缺紧急呼叫按钮设施；由于通廊、座椅等设施宽度不够，存在分隔门的通行阻碍	清理走道内不必要的安装设施，至少保证人流净通行宽度1.8米；增设扶手、紧急呼叫按钮、安全疏散通道指引等无障碍设施
楼梯	缺少无障碍扶手；踏步材料不防滑、缺防滑条；对于未设电梯的楼栋缺轮椅升降平台	难以增设电梯的前提下可结合楼梯安装轮椅升降平台；按照规范增设扶手、规范扶手安装样式及材料；改善楼梯梯段的材质铺装
电梯	老旧楼栋缺电梯；电梯选型尺度较小，难以改造为无障碍电梯；电梯内部扶手、低位按钮、盲道按钮、声音提示、镜面设置设计及安装不合理	在可行性满足的情况下尽量增设无障碍电梯；现有2部及以上电梯的楼栋至少改造1部电梯为无障碍电梯；门厅、通廊、电梯之间形成连续的无障碍通道；保证电梯前室有足够的回转半径；电梯内无障碍设施应完整、人性化；既有楼栋中电梯改造模式包括电梯厅外部设施安装、电梯厅电子设备改造安装、整体改造建设三类：一类改造以增设电梯镜、安全扶手、盲文按钮为主，二类改造以增设低位按钮设备、语音播报设备为主，三类主要为加装完整无障碍电梯

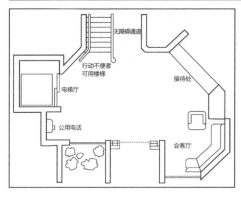

图3-76
门厅空间一体设计导则指引示意图

五、编制建筑功能单元无障碍环境改造导则

（一）不同功能的建筑分类

高校空间规划主要围绕教学研、生活、休闲三大功能模块进行合理的功能布局。教学研单元占比最高，是校内建设重点，包括专业教学楼和公共教学楼、综合图书馆、专业图书室等；生活单元是保障学生正常生活的基础，为师生提供舒适宜居的校园生活环境，包括宿舍、食堂等；休闲交流单元是高校文

化软实力的重要体现，为高校师生提供丰富多彩的文体艺术场所，如体育馆、游泳馆、艺术厅、音乐厅等。

表3-6　校园主要功能单元及建筑

功能单元	建 筑
生活单元	宿舍、食堂、便利超市、校园邮局分局、银行等
教学研单元	公共教学楼、专业院系楼（含实验室等专业配备）、图书馆、行政办公楼等
休闲交流单元	体育馆、游泳馆、艺术厅、音乐厅等

（二）生活单元功能板块流线设计及改造导则

1. 生活单元无障碍流线设计重点

表3-7　校园建筑生活单元无障碍流线设计重点

楼栋	核心改造功能模块	无障碍流线设计重点
宿舍	住宿单元、公共盥洗区、热水房	尽可能集中安排；或按专业、性别等方式集中安排残障群体的住宿单元，实现集中服务管理；满足现有残障群体住宿需求，并按照一定比例增设无障碍宿舍，保证临时需求；宿舍单元内保证残障群体出入及安全、就近便捷地完成宿舍出入口—电梯—住宿—盥洗的功能流线
食堂	取饭窗口、障碍群体进餐空间	合理处理食堂出入口—低位服务取饭窗口—供轮椅使用的进餐区—收盘区—厕卫之间的无障碍流线；通过多个出入口实现引导分流
餐厅	进餐空间	合理处理餐厅入口—通用无障碍包间—公共厕卫之间的无障碍流线
超市	售货取货区、交费区	合理改善低位结算区—商品低位展示窗口—取货空间方式的无障碍流线
银行	取号区、柜台区	合理改善银行出入口—低位服务窗口的无障碍流线设计
菜市场	商品展示区、柜台区	合理处理菜市场入口—售货区及低位服务台之间的无障碍流线

2. 生活单元功能模块改造导则重点

表3-8　校园建筑生活单元无障碍模块改造要点

功能模块	现状普遍问题	改造导则设计重点
无障碍宿舍	整体缺乏	增设无障碍宿舍（含独立无障碍卫生间），入口宽度、床位高度、桌椅高度、灯具开关插座安装等细节设计满足无障碍需求
公共无障碍卫生间	整体缺乏	尽可能保证各楼层增设公共无障碍厕位或独立卫生间

功能模块	现状普遍问题	改造导则设计重点
宿舍公共盥洗区	盥洗区出入口门的宽度不够；缺乏低位设施、轮椅空间	公共盥洗区各类设施应注意轮椅使用者轮椅空间预留、低位使用者需求的细节设计
食堂取饭窗口	整体缺乏	合理协调低位取饭窗口流线、大流量人群之间的窗口设计
食堂无障碍进餐空间	整体缺乏	保障低位取饭窗口与进餐空间联系通廊的宽度及连续性；保障进餐空间设施设备的灵活使用、各类残障群体的进餐需求
低位售货区及结算区	整体缺乏	在满足商品展示的前提下，通过增设相关设施设备等辅助方式，保证残障群体识别货物、查询货物、取货、付款之间的无障碍连续通道
银行低位服务柜台	整体缺乏	设置低位服务接待区、柜台服务窗口，保证出入口与低位服务区之间的无障碍连续通道；完善叫号系统、增设显示屏等无障碍设施
餐　厅	整体缺乏	完善餐厅空间的轮椅使用需求，保证足够的通道尺度

（三）教学研单元功能板块流线设计及改造导则

1. 教学研单元无障碍流线设计重点

表3-9　校园建筑教学研单元无障碍流线设计重点

楼栋	核心改造模块	无障碍流线设计重点
公共教学楼	普通教室、阶梯教室、教师休息室	保证教学楼使用高峰期残障群体进出连续安全的流线、残障群体享有正常参与教学单元的功能空间；重点设计无障碍建筑出入口—无障碍教室—无障碍休息室—无障碍卫生间—饮用取水区—无障碍垂直交通设施的流线
专业教学楼	普通教室、阶梯教室、专业教室、教师办公休息室、实验室、会议室、报告厅、专业阅览室	作为校园内核心的功能模块，保证各重要功能空间的无障碍流线；重点设计无障碍建筑出入口—无障碍垂直交通设施—无障碍教室／实验室—无障碍休息室—无障碍会议室—报告厅—专业阅览室—无障碍卫生间—饮用取水区的流线
图书馆	藏书取书区、查询区、阅览区、交流区、教师办公室	重点设计无障碍建筑出入口—无障碍垂直交通设施—无障碍查询区—无障碍藏书取书区—无障碍阅览区—无障碍交流区—无障碍卫生间—饮用取水区的流线
学校教务管理服务相关楼栋	学生服务中心、招生办、工会、物业管理中心等	重点设计无障碍建筑出入口—无障碍垂直交通设施—无障碍办公室—无障碍卫生间的流线

2. 教学研单元功能模块改造导则重点

表3-10　校园建筑教学研单元无障碍模块改造要点

功能模块	现状普遍问题	改造导则设计重点
普通教室	教室入口宽度及回转空间不够；授课台与听课区存在高差台阶、缺乏供授课者坐着的低位授课台；整体缺乏面向轮椅残障群体的轮椅席位；缺乏面向视听残疾的辅助服务设备	对于肢残群体：保证入口通行无障碍、厕所使用无障碍、电梯出入无障碍、席位空间无障碍；授课台增设坡道及低位设施；结合教室出入口流线合理设置无障碍轮椅席位，保证席位数量
专业教室		
阶梯教室	除普通教室存在的问题外，阶梯教室存在多级台阶高差问题	对于视障群体：做好提示盲道、电梯盲文按钮；增设听力辅助设施等设备 对于听障群体：辅助听力设备应满足成本低、适用性强、通用性高的原则，增设同声文字转换等显示器
会议报告厅		
实验室	整体缺乏低位实验设备存储、操作平台	满足实验室无障碍出入口空间改造；结合实验流程设计建设无障碍实验台
藏书取书区	整体缺乏低位查询、藏书取书区	满足轮椅进出的无障碍出入口空间改造；按照各个功能区人群行为特征设计低位服务设施及相关无障碍设施
专业阅览区	整体缺乏灵活的无障碍阅览空间、宽度及回转空间不够	
借书区	整体缺乏低位服务台	
教师办公休息室	整体缺乏低位服务台；入口台阶存在障碍，入口宽度及回转空间不够	

（四）休闲交流单元功能模块流线设计及改造导则

1. 休闲交流单元无障碍流线设计重点

表3-11　校园建筑休闲交流单元无障碍流线设计重点

楼栋	核心改造模块	无障碍流线设计重点
体育馆	运动区、看台区	按照就近便捷原则，重点设计无障碍建筑出入口—无障碍运动区—无障碍看台区—无障碍卫生间—无障碍饮用取水区—无障碍垂直交通设施的流线
游泳馆	泳池区、更衣区、淋浴区	按照就近便捷原则，重点设计无障碍建筑出入口—无障碍泳池区—无障碍更衣区—无障碍淋浴区—无障碍卫生间—饮用取水区—无障碍垂直交通设施的流线
文化展览厅	陈列观展区、售票区	按照就近便捷原则，重点设计无障碍建筑出入口—无障碍售票区—无障碍展区—无障碍卫生间—无障碍饮用取水区—无障碍垂直交通设施的流线
表演及报告厅	表演区、观演区、候场区、售票区	按照就近便捷原则，重点设计无障碍建筑出入口—无障碍售票区—无障碍候场区—无障碍观演区—无障碍表演区—无障碍卫生间—饮用取水区—无障碍垂直交通设施的流线

2. 休闲交流模块改造导则重点

表 3-12　校园建筑休闲交流单元无障碍模块改造要点

功能模块	现状普遍问题	改造导则设计重点
场馆运动区	入口存在门槛；通道不够；设施设备类型不符合残障群体使用需求	根据场馆规模及出入口流线，尽可能增设专用运动区域、康复区等空间及相关设施设备
运动场馆看台	缺乏垂直设施、独立平行出入口通达看台；缺乏无障碍轮椅席位；缺乏全方位全视角的辅助视听设备	按照场馆规模保证一定比例轮椅席位；轮椅席位布局应保证轮椅安全疏散的全过程
泳池区	缺乏面向残障群体的扶手等辅助设施	增设相关扶手设施、报警设施
场馆更衣区		
场馆淋浴区		
校史馆陈列与观展区	缺乏面向轮椅使用者等低位视角的陈展设计、良好的观展灯光设计	结合陈展方式、观展方式，优化灯光设计、流线设计，保证视角的观感，尽可能满足各类群体对艺术欣赏的追求
表演区	缺乏舞台高差的灵活舞台设计	考虑残障群体进入舞台的流线及空间设计
候场区	缺乏专用等候区以实现高峰期人群分流	根据场馆规模、场次人流，协调场馆管理方式，尽可能设置专门等候区，保证进出场秩序及安全性
观演区	缺乏垂直设施、独立平行出入口通达看台；缺乏无障碍轮椅席位；缺乏全方位全视角的辅助视听设备	按照场馆规模保证一定比例轮椅席位；轮椅席位布局应保证轮椅安全疏散的全过程；综合考虑视力、听力等残障需求，优化设计场馆声光热物理环境
售票区	缺乏低位服务窗口	增设低位服务窗口
播音区	缺乏低位操作台	增设低位操作台

（五）普适于所有建筑的主要辅助模块设计导则重点

表 3-13　校园建筑辅助单元无障碍模块改造要点

功能模块	现状普遍问题	改造导则设计重点
厕卫	缺乏无障碍厕位；卫生间出入口宽度不够	现行规范要求，公共建筑首层必须设置无障碍卫生间。在建筑条件允许的前提下尽可能实现各楼层保证男女无障碍厕位；不允许前提下考虑与周边的楼栋共享无障碍卫生间或者增设独立无障碍卫生间；既有楼栋无障碍厕卫改造包括原有无障碍卫生间设备设施改造和整体卫生空间改造两类，前者以增设设施、调整局部尺寸为主，后者需要协调整体格局、完全更新为主

功能模块	现状普遍问题	改造导则设计重点
水房	入口宽度不够；饮用取水空间回转半径不够；取水设施高度不合适	尽可能改造既有空间尺度并优化设施设备；在条件不允许的情况下，可在公共区域增设无障碍取水设备
门卫等物业管理室	缺乏低位服务设施；缺乏无障碍设施租赁服务	增设低位服务设施；增设轮椅、拐杖、坡道等无障碍设施设备的租赁服务及储藏区

（六）分阶段分重点制订年度无障碍环境建设计划

在校园无障碍规划调研中，发现存在的突出问题是对无障碍设施不够重视，无障碍设施的设置和尺寸都不够标准、无障碍空间的不连续和不实用等。必须认识到校园无障碍环境建设工作的艰巨性和长期性，加强对无障碍理念的认识和对无障碍建设方法的学习，分阶段分重点制订计划，逐年进行建设或改造，逐步实现比较完善的校园无障碍环境。

无障碍小专栏三　"逢棱必圆"的设计理念

公共场所，特别是人员密集或者室外入口、卫生间等容易产生水渍或发生跌倒危险的地方应该把建筑室外、室内的阳角处理为圆形或者用弹性材料进行包装装饰，最大限度地满足公共场所的安全需求，同时也照顾到包括残障人、老年人以及孕妇儿童等在内的弱势群体的生理特点和特殊需求，降低因不慎跌撞摔倒时带来的风险。中国残联副主席吕世明曾总结出无障碍设计"圆角口诀"：逢棱必圆，逢台必坡，逢高必低，逢陡必缓，逢滑必涩，逢沟必平，逢隙衔接，逢碍必除，逢险化吉……朗朗上口，令人称赞。

1.逢棱必圆

图 3-77
在人流量大的公共场所去除棱角，换为圆润的安全设计

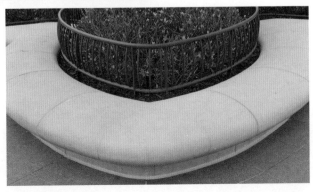

图 3-78
去除棱角的室外公共休息座椅，既安全又美观

2.起始端的扶手设计

考虑到上下楼梯时行人的行为和人体工程学特征，扶手在楼梯、坡道等高度发生变化的起点和终点处应当做300—450毫米的延长，以确保利用者的安全。

另外，为了防止起点和终点处扶手的终端对衣服、挎包等发生剐蹭，以及为了防止扶手尖锐的截面伤害到儿童以及轮椅使用者，扶手终端应向下方弯曲延伸不少于100毫米或向内侧弯曲延伸至墙面，保持圆滑安全的形状。

图 3-79
防止剐蹭衣服的扶手起始端设计

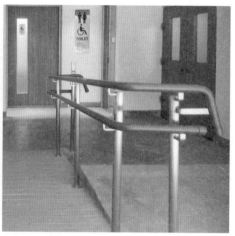

图 3-80
扶手在坡道开始和结束处应做适当的延长

第四章

无障碍校园环境建设的技术要求

第一节　校园无障碍建设的目标

《通用无障碍发展北京宣言》指出：我们认识到通用无障碍的目标是为了推动全社会平等、包容与充分参与，因此应当关注所有利益相关方以及各种行为与感知有不同障碍的群体，不仅仅限于性别、年龄、文化、宗教、身心障碍等方面。与此同时，我们也应当意识到必须重点关注那些对消除障碍、实现平等更加敏感、高度依赖的群体，比如儿童、妇女、残疾人、贫困的老年人等，这些群体在实现通用无障碍愿景的过程中需要更多的投入与更大的关爱。

校园无障碍建设的目标就是以通用无障碍作为设计理念，循序渐进地推动学校无障碍环境的优化，以为广大师生员工和各种来访人员提供便利、便捷的无障碍环境作为最终使命。

今天的通用无障碍与信息化和高科技更加紧密相连。譬如智能手机诞生带来的各种智能APP在很大程度上改变了视力障碍者的生活方式和生活质量，在物质和精神生活上快速缩短了与视力正常者之间的差距，引导、激发他们走向更加广阔的社会。所以校园无障碍环境建设也必须根据使用群体需求的变化和科学技术的进步，加深不同角度和视野的研究和调查，不断更新研究和实践的思路和方法。

但是无论如何，实现学校内各种建筑和设施的物质环境的无障碍仍然是无障碍环境建设的基础和根干，不容忽视。特别是在我们这样一个城市间、地域间有着很大差异，教育资源存在巨大不平衡的国家，实现校园各类建筑和基础设施的物质环境无障碍仍然是需要我们长期努力的目标。

在本章以下的各节里，我们将仔细讨论在校园环境中如何制定出一系列无障碍技术要求，作为实施工具与实施手段，来满足特定群体的行为需求。它们包括：满足出行与移动自由的无障碍技术要求、满足如厕等生理需求的无障碍技术要求、满足校园生活需求的无障碍技术要求、满足学习需求的无障碍技术要求、满足交流和运动需求的无障碍技术要求以及校园室外景观环境的无障碍技术要求。

一、关于出行与移动自由的基本原则

无论是对来往于校内的残障人群，还是对高龄教职工、孕妇、推婴儿车者，携带大件行李的人和因伤病而对无障碍环境有短暂需求者而言，保证他们能够自由出行至关重要。特别是对于残障人群来说，能够自由出行就意味着他们不被社会孤立和排斥，融入社会而成为其中健康的一员，而保证基本的无障碍环境是实现自由出行的基础条件。

校内出行从包括宿舍在内的各种居住设施经过道路或公共通道通往建筑物的出入口，进而到达教室、图书馆等各种功能空间，因此建筑物内连接各个使用空间的移动路径必须满足连续和无障碍的要求。

为了实现校园内自由移动这一基本目标，我们坚持几个优先原则：

（一）通用设计优先的原则

以通用设计作为理念，为所有人提供都能自由而无障碍出行的环境非常重要。通用设计的理念在于不对残障人与健康人进行专门区分，而是尽量为他们设计同样或近似的移动路线，同时尽量消除只针对残障者的特殊设备，通过合理规划、精心设计达到这一目标。

（二）安全优先的原则

应当认识到残障者和老年人等弱势群体由于生理上的特点，在利用各种设施设备时往往与正常人有较大的差异，因此必须为他们保留足够包容的行动环境，保证他们的人身安全。

（三）补短板优先的原则

必须认识到实现我国的校园无障碍是一个长期的过程，不可能一蹴而就。由于大多数学校校区已经建成，因此要根据校内人员的无障碍需求，譬如残障师生的残疾情况和数量，老年退休教师经常造访的部门和单位（如房管处、老干部处等）以及无障碍需求概率高的特定场所（如医院、老年活动中心等），进行长期规划，重点改造，分期实施。

二、无障碍坡道

　　走出家门、走向社会碰到的第一个问题就是因道路高差而产生的障碍。特别是对于轮椅使用者来说，五厘米的坎，健全人抬抬脚就迈过去了，而对他们来说往往就意味着是一堵高墙。

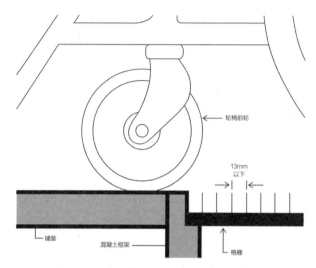

图 4-1　方便轮椅通行的格栅铺装的细部设计

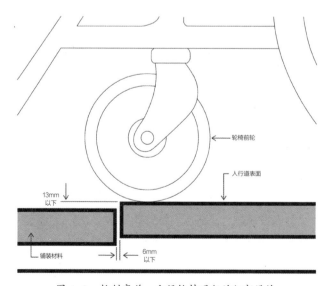

图 4-2　控制高差，方便轮椅通行的细部设计

　　我们的设计目标是让所有的人都能够自由通畅地使用同一移动路径，从道路移步到建筑物的入口。在尽可能消除地形落差的同时，利用坡道将不同高程连接在一起，形成一个利用方便的大环境。因此设置包括单坡、折返坡道等在内的各种坡道，直接满足残障人士的出行需求非常重要。

　　坡道的纵向坡度如果能达到 1/12 就满足了设计规范的要求，但最好设计在 1/20 以下，过陡的坡道对轮椅利用者所带来的危险发生几率会大大增加。横向坡度原则上为零，如果不得已必须有时，应该控制在 1/100 以下。此外，地面材质应选择防滑材料或者进行特别的防滑处理，保障使用安全。坡道临空一侧的边缘必须设置阻挡轮椅滑脱的挡杆或高度为50毫米以上的安全挡台。

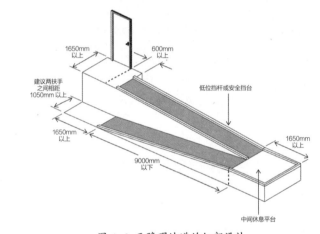

图 4-3　无障碍坡道的细部设计

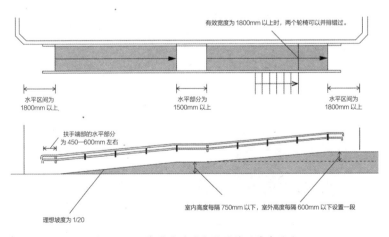

图 4-4　无障碍坡道的分段设计及休息平台

三、无障碍停车场

校园内的停车场应该按配比设置一定数量的无障碍机动车停车位，服务残障者、老年人、孕妇以及轮椅和婴儿车等使用者的需求。

在《无障碍设计规范》（GB50763-2012）中按照停车场的用途对设置无障碍车位数做出了详细规定。虽然该规范没有对校园整体的无障碍车位数量做出具体规定，但是我们可以参考该规范的条文，建议校园全体停车数量的1%应该设计成为无障碍机动车车位，而且在校内大型公共建筑，譬如校医院、体育馆、大型礼堂和报告厅的停车场应当设置不少于该停车场总停车数2%的无障碍机动车停车位。

考虑到轮椅和婴儿车的使用需求以及需要从汽车后部搬运行李和轮椅等用品，无障碍停车位的空间应该达到宽3.5米，进深6米以上。此外为了方便各类残疾人的利用，应当设置无障碍停车位专用停车标识，此外还需要在地面上绘制具有提示、导引作用的无障碍停车专门标志。

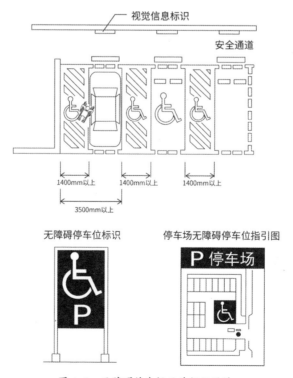

图4-5 无障碍停车场及其标识设计

四、建筑物的出入口

校园内室内外有高差的建筑物出入口应该设置坡道，以满足轮椅使用者等自由进出的需求。对于在老旧建筑主要入口增设坡道有困难的情况，可以考虑在侧门入口、后门入口等处设置坡道满足轮椅使用者的需求。出入口的设计应该考虑以下事项：

（1）出入口处应尽量消除高差，在无法消除高差的情况下应当配置恰当的无障碍坡道；

（2）主要出入口的大门应至少保留1200毫米的宽度，推荐使用自动开闭门，寒冷地区建议设置双层入口门厅。出入口前应设足够的空间满足轮椅等待、回转等需求；

（3）入口门厅应考虑轮椅使用人员的进出和等候的需求，保持足够宽裕的回转和退避空间；

（4）主要建筑的出入口处应设置盲道通向建筑内部电梯、楼梯等竖向交通出入口；

（5）主要建筑入口大厅应设置对应残障人需求的综合信息指引标识系统或辅助人员呼叫提示；

（6）门禁、闭门器、入口处透明玻璃等应满足安全及无障碍需求。

五、建筑物的走廊

建筑物的走廊是连接不同建筑、不同设施以及建筑物内各个功能分区的

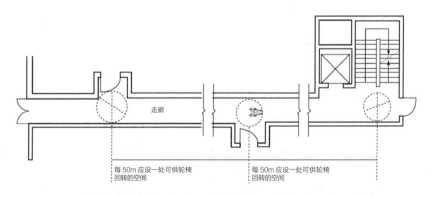

图 4-6　建筑走廊的宽度不能满足两辆轮椅错行通过时应设退避回转空间

重要手段。校内人群比较集中的室内走廊的宽度应设在1800毫米以上，保证两台轮椅可以对面来往、并排错过。如果因为特殊原因走廊不能满足1800毫米的宽度，至少要确保1200毫米的走廊宽度，并在不超过50米间隔的区间内，在走廊尽端或中间地带设置退避空间，满足轮椅错车和转向掉头的需求。

走廊的拐角处应设计为圆角或喇叭口形，确保1400毫米以上的拐弯空间，拐角处应设护角或护墙板，以避免墙面受轮椅撞击造成损坏。转弯处走廊外侧转角上部还应设圆形反光镜，方便轮椅使用者进行安全确认。特别需要注意的是，灭火器等突出物应当放入墙壁上设置的安全凹槽内，不得裸放在走廊上，妨碍行人和轮椅等的行进，形成安全隐患。

此外需要注意的是，走道一般不应该在途中改变宽度，如果在功能上必须改变的话，应当设置转折或缓冲空间作为提示。

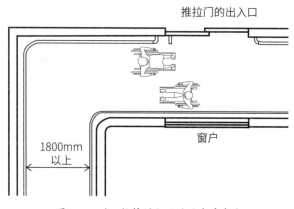

图 4-7　满足轮椅错行通过的走廊宽度

六、扶手

扶手和抓杆作为简单而有效的辅助用具在无障碍设施中被大量使用，有着不可替代的作用。除了按照国家规范扶手需要满足规定强度要求和使用需求以外，扶手的设置位置、设置方法以及设置形式都直接影响其使用效果。扶手的高度因使用人群以及使用用途不同会略有差异。

日常生活中人们对扶手有着普遍需求，按照辅助目的大致可以分为两大类。一类是通过抓握扶手辅助身体保持平衡以达到站立和行进为目的；另一类是通过拉拽扶手，助力完成身体姿势的改变以完成某种动作为目的。譬如走廊等处的扶手是为了安全行走而设置的辅助支撑，一般不需要施加很大的力量。扶手高度一般到大腿根左右，也就是 750—850 毫米比较合适。而卫生间坐便器等处的扶手多为施加力量完成站立或移动的需求，因此横杆高度会略低一些，一般设在 650—700 毫米。此外还有一些以倚靠为主要用途的扶手的高度则在 850—900 毫米之间则更加合适。在进行扶手设计时还需要注意以下事项：

（1）扶手的形状和截面尺寸应易于抓握，扶手内侧与墙面的净距离不应小于 40 毫米。

（2）单层扶手的高度一般为 750—850 毫米，双层扶手的上层扶手高度一般为 750—850 毫米，下层扶手高度一般为 600—650 毫米。

（3）扶手的颜色、对比度等应与墙面背景有明显的区别，或者可以沿扶手设置 LED 照明以增加扶手的可识性，满足包括视觉障碍者、轮椅使用者在内的不同使用需求。

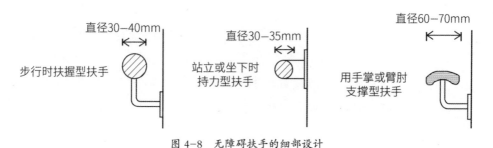

图 4-8 无障碍扶手的细部设计

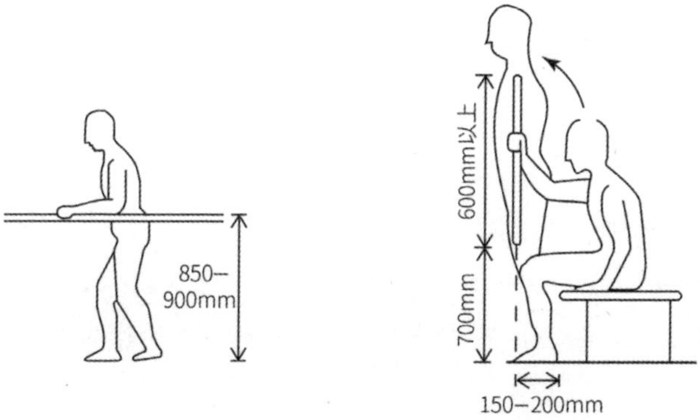

图 4-9 依靠型和持力型抓杆、扶手的细部设计

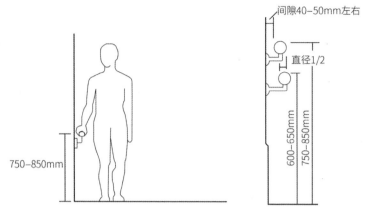

图 4-10　行进扶手以及双层扶手的细部设计

七、楼梯

校内建筑，特别是公共教室、图书馆以及老旧建筑大多以低层、多层为主，楼梯除了作为逃生避难的手段，肩负着垂直交通的重要使命。

校内公共建筑室内台阶、踏步的高度应设在 160 毫米以下，踏面宽度不小于 300 毫米。校内公共建筑的楼梯不得设计成没有竖向踢脚板的"中空型"楼梯。

楼梯间内左右两侧均应设置扶手，人流量大的楼梯扶手应设置高低两层扶手，低位扶手高度一般为 600—650 毫米，高位扶手的高度为 700—850 毫米。

八、电梯

电梯是竖向交通最重要的无障碍设施之一。无障碍电梯是满足残障者等弱势群体在楼层间进行竖向移动的必需手段。无障碍电梯在设计和选型时应注意以下事项：

（1）无障碍电梯轿厢开门不应小于 800 毫米，电梯门扉应设透明玻璃视窗，应确保电梯内设置低位操作盘，操作盘应设中文盲文提示。

（2）无障碍电梯轿厢内应设置电梯运行显示装置和停层提醒、开关门提醒等语音提示装置。

（3）无障碍电梯轿厢后侧应设不锈钢镜面反光板或镜面玻璃，方便轮椅使用者观察后部情况，方便安全驶入驶出。

（4）无障碍电梯轿厢内应设置连续扶手以及防止轮椅碰撞损坏的护墙板。

（5）在对校内老旧建筑进行改造时，由于结构等原因经常会碰到无法设置电梯基坑的情况，因此需要考虑导入无基坑电梯加以解决。需要注意的是无基坑电梯在吨位、轿厢尺寸上有很多限制，应事先与厂商进行确认。

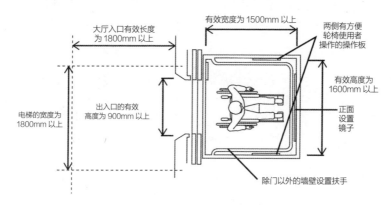

图 4-11　无障碍电梯出入口以及平面细部设计

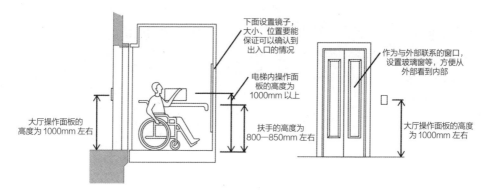

图 4-12　无障碍电梯剖面和立面细部设计

九、自动扶梯和升降平台

学校内带有坡度的自动扶梯或自动坡道对短时间内输送大量人员非常有效，经常设在礼堂、校内商业性设施或食堂饭厅等处。

乘坐自动扶梯或自动坡道时，对利用者的身体状态和敏捷性、协调性有一定要求，不适合视觉障碍者、轮椅利用者等群体的使用。因此，竖向交通除此之外应设直行电梯，满足视觉障碍人群以及轮椅使用者等的需求。自动扶梯和自动坡道除了必须满足无障碍相关规定和一般安全规定和措施外，在食堂等特定时间和大量人员集中利用的场所，自动扶梯应在电梯上下口前设置必要长度的护栏扶手，将上下进出的人流进行分离，保证运行安全。此外，自动扶梯应设置运行语音提示，紧急停止按钮处应有醒目标识和警示。

升降平台一般在高差较多较大或校园内的特定场所加以使用。升降平台种类众多，有带基坑和无基坑的垂直升降平台，对于带基坑的垂直升降平台应注意对基坑采取必要的安全防护设施，防止误操作和人员、宠物等的进入。升降平台的乘坐区不应小于1200毫米×900毫米，并设有扶手护栏和固定轮椅的安全装置，在易操作的显著位置设置紧急停止按钮。

十、缘石坡道

校园内各种路口、出入口、人行横道处，有高差时必须设置缘石坡道。

缘石坡道的坡口与车行道之间的高差一般不应大于5毫米。

缘石坡道有全宽式单面坡缘石坡道、三面坡缘石坡道等多种形式，不同形式的缘石坡道在宽度和坡度上有不同的技术要求。譬如三面坡缘石坡道的正面坡道宽度不应小于1200毫米等，因此在设计过程中应结合缘石坡道的具体类型，按照相关规范要求进行设计和施工。

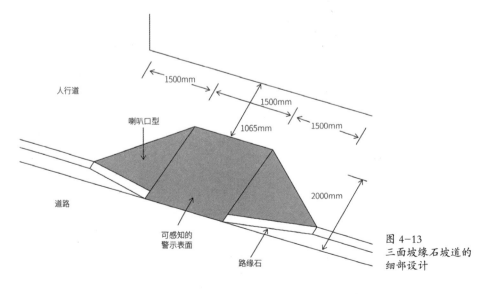

图 4-13
三面坡缘石坡道的
细部设计

缘石坡道顶端处应留有过渡空间，过渡空间沿坡口一边不应小于坡口宽度，另一边长度不应小于900毫米。

十一、盲道

校园内盲道的铺设需要根据具体情况判断。在人流量集中之处应铺设方便视觉障碍者利用的行进盲道和提示盲道。在主要教学办公楼处应在无障碍主入口处设置盲道引导至门厅接待柜台或电梯厅、楼梯等垂直交通入口。在主要交通路口、河道、水体附近应设置提示盲道，以唤起视觉障碍者的注意。

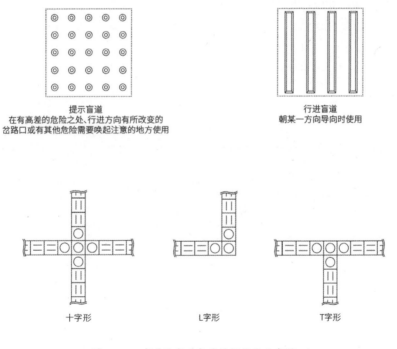

提示盲道
在有高差的危险之处、行进方向有所改变的
岔路口或有其他危险需要唤起注意的地方使用

行进盲道
朝某一方向导向时使用

十字形　　　　　　　L字形　　　　　　　T字形

图4-14　盲道种类及各种转折铺设示意图

第二节　满足如厕等生理需求的无障碍技术要求

一、对无障碍卫生间的需求

对老年人、残障者、儿童进行的综合调查和研究发现，目的地有没有方便使用的卫生间是影响他们做出是否外出这一决定的主要因素。关于不同人群对于卫生间的需求，日本熊本县曾经做过一项针对老年人和残障者关于使用卫生间的调查。根据日本熊本县"关于老年人、残障者的日常生活的意识调查（1999 年）"，对外出抱有积极心态的人占到八成。调查显示很多老年人希望在医院、车站、超市等各种与日常生活密切相关的公共或商业建筑物内设有便于使用的卫生间。调查结果还显示，与老年人一样，残障者同样也最希望在车站、饭店、百货商店等各种与日常生活密切相关的公共和商业建筑

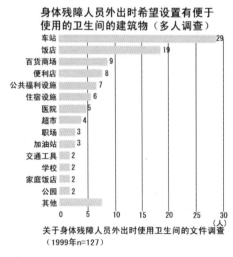

图 4-15
问卷调查结果：残障者外出时希望设置
有便于使用的卫生间

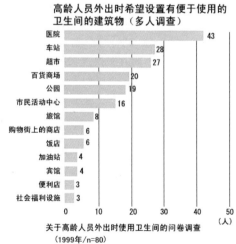

图 4-16
问卷调查结果：老年人外出时希望设置
有便于使用的卫生间

物内设有便于使用的卫生间。

二、合理布局校园内无障碍卫生间

毋庸置疑，上一节的结论同样适合校园内的无障碍环境建设。特别是鉴于我国大学校园一般规模大、占地多、密度疏松等特点，加上集中、封闭的管理模式，因此在不影响学校教学和工作的前提下，尽可能均等地设置符合相关规范标准，卫生、健康、易于使用的无障碍卫生间变得非常重要。需要强调的是，无障碍卫生间不仅仅服务于残障者和老年人等特殊群体，它同样对任何有需求的人员开放。弱势群体优先使用的基本原则毫不损伤无障碍设施面向社会、服务所有人的根本宗旨。

校园内设置包括无障碍卫生间在内的公共卫生设施时，必须考虑其立地对周围教学、工作和生活环境的影响，针对校园内不同区域的情况，进行合理布局。校内餐厅食堂、招待所以及宾馆、超市、图书馆、体育场馆、校医院等公共性强的设施都应该是设置无障碍卫生间的首选之地。

三、校园无障碍卫生间的合理设计

无障碍卫生间通常包括坐便器、洗手池、小便器、多功能台等主要卫生设备。以下是无障碍卫生间的设计需求以及应考虑事项。

学校内卫生间的无障碍环境可以通过两种途径加以实现。首先可以在卫生间内设置无障碍厕位，包括设置符合无障碍相关规范的坐便器、小便器、洗手盆和各类辅助扶手。其次在条件允许的情况下应设置专门的无障碍卫生间。相比男女卫生间，独立的无障碍卫生间内部空间更加宽裕，各种无障碍设备更加完备、使用更加方便、隐私保护更加周到、环境更加舒适。无障碍卫生间面积不应小于 4 平方米，而且内部必须确保直径 1.5 米的轮椅低位回转空间。除了前述的坐便器、小便器、洗手盆和各类辅助扶手外，还可以根据需要设置多功能台、更衣台、坐便器旁小型洗手池、人工造瘘清洗池、倾斜的镜子以及全身穿衣镜、紧急报警器、挂钩等各类服务产品。在国外，随着社会全体实现了较高的无障碍环境，无障碍卫生间内的各种设备的设计分类也更加细化，种类也更加完备。例如有些无障碍卫生间在顶棚设置了吊带移位器，辅助残障者在卫生间内自由高效地移动。由于无障碍卫生间的内部空间和设备更加充实，它在功能上可以应对包括残障者、老年人、妇幼婴孕在内的不同类型无障碍需求群体。

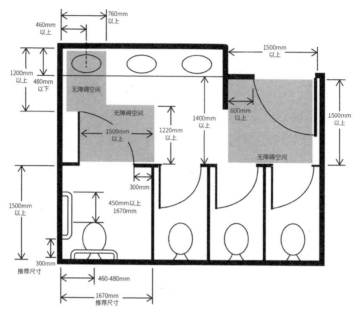

图 4-17　具有无障碍厕位的公共卫生间示意图

对校园内无障碍卫生间进行改造时特别要根据具体使用需求因地制宜、灵活对应。譬如虽然坐便器对身体的负担较小，但是由于生活习惯以及卫生管理上的原因，大多数的校内公共卫生间内仍然以蹲便器为主。考虑到现阶

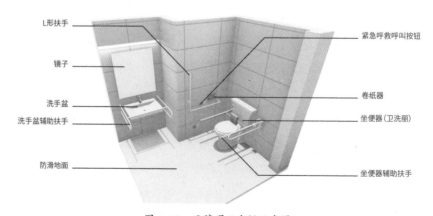

图 4-18　无障碍卫生间示意图

段校内各类残障者的数量有限，因此只要按照相关规范要求设置必要数量的无障碍卫生间和相关设备即可。特别是既有建筑的改造更要在尊重规范的同时，在保证安全的前提下因地制宜灵活运用，以满足和提升残障者等各类弱势群体的切实需求为最终目标。譬如在清华大学图书馆卫生间的改造过程中，就是根据具体空间使用条件和使用需求，只在一层设置了无障碍卫生间，其他各层在男女卫生间内设置无障碍厕位加以对应，满足了各方需求，取得了良好的效果。

无障碍卫生间入口大门宜采用推拉移门，门的内外侧均应设置横向或 L 形扶手。如采用电动门，应该采用大型醒目的开闭按钮，并注意按钮位置合理，方便轮椅使用者的操作。水龙头及大、小便器应尽量采用感应式开关，方便肢体残疾者使用。如前所述，无障碍卫生间并非只允许或只适合残障者使用。在残障者、老年人优先的前提下，普通人在有需求时同样可以利用，而且一般而言无障碍卫生间的使用体验较普通卫生间更加方便和舒适。

第三节　满足校园生活需求的无障碍技术要求

由于历史、管理和体制等多种原因，我国的大学校园内不仅有大量教学科研设施，而且存在食堂、宿舍、宾馆、小型商业、文化娱乐以及教室住宅等各种生活空间。应当通过细致、合理的设计，保证这些设施满足无障得需求。

针对不同生活场景进行无障碍设计时，既要考虑利用群体自身的特点，譬如残障者、轮椅使用者、老年人、孕妇、伤病者等，又要考虑在不同情形下人们动作的正确性、稳定性以及符合人体工程学的尺寸等因素，同时还要兼顾舒适性和美观等方面的因素。

一、校园无障碍设计的两个基本原则

在无障碍设计的领域，考虑满足多种多样的生活需求时，特别需要注意遵循以下两个基本原则。

（一）容错原则

正确的行为是建立在情况认知、判断、行动这一连串的所有行为都全部正确的基础之上。遗憾的是人都会犯错误，特别是残障者、老年人、孕妇、儿童以及伤残者，由于生理上的缺陷、机能的衰退或者尚未发育成熟等原因而导致他们"犯错"的几率更高。因此在进行设计时要注意降低由于偶然动作和失误而产生的危害及负面后果，设计必须能够在一定程度上包容使用者的失误。而且必须保证他们的失误不至于对他们自身和他人产生严重伤害。

（二）信息可觉察性原则

无论环境状况和使用者的感知水平如何，设计物都应该有效地将必要的信息传达给使用者。不仅是残障者、老年人和儿童，即使健全人的身体状况也可能存在着很大差异，譬如有人近视，有人色盲或色弱，男女的体力不同，个子的高矮也不同，还有些人患有各种各样大大小小的疾病。所以在进行设计时应该尽量找出所有人都能得到适当满足的条件作为最大公约数，而不仅仅是以完全健康人的视角去描绘这个世界。因此，在物质空间不能够完全满足所有人的需求之时，可以利用色彩、灯光的差异，可以标注、张贴、投影各种信息进行提示、警示，引起使用者的注意。理想的设计当然最好是能够满足所有人的需求，如果做不到的话，至少不应该给使用者带来严重的伤害。

二、校园无障碍宿舍或客房的设计

校内残障学生或教职工的宿舍以及宾馆或招待所的无障碍客房的设计及平面布置需要充分考虑使用者睡眠、休息、洗浴、如厕、学习、工作、娱乐等各种交叉的行为，以满足使用者的无障碍需求。

（一）宿舍及客房进行无障碍设计时需要注意的一些基本事项

校内无障碍宿舍或客房应尽量设在低层或靠近电梯厅布置，方便残障者出入。

　　无障碍宿舍或客房应该确保轮椅使用者可以方便、自由地出入。因此出入口和室内通道的净宽不应小于900毫米。浴室、卫生间内应确保直径不小于1500毫米的轮椅回转空间。

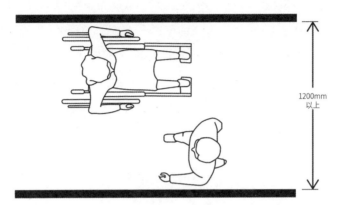

图 4-19　保障轮椅自由通行空间尺度

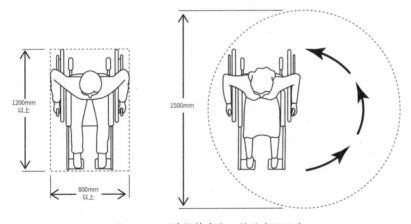

图 4-20　保障轮椅自由回转的空间尺度

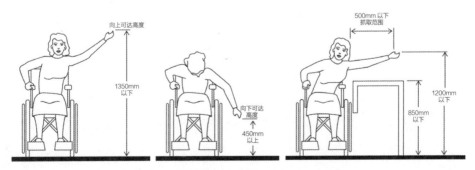

图 4-21　轮椅使用者的活动范围及空间维度

　　无障碍宿舍或客房内，床的高度一般为400—450毫米，大致与轮椅高度持平，这样可以方便轮椅使用者在轮椅和床位之间自由移动。另外，考虑到轮椅伸出的踏脚板可能对床体造成损伤，床的底部应保持有150—200毫米的空隙，方便轮椅的通行。

　　无障碍宿舍或客房室内所有家具突出于墙面、地面的边角均应打磨成圆角，以减少安全隐患。同样，家具底部也应该架空150—200毫米，方便轮椅通行。考虑到有限的居住空间，衣柜等的门扇应尽量采用推拉移门或折叠门。面积较大的无家具墙面应设置扶手，轮椅存放处应设置踢脚板、护墙板或者防接触低位挡杆，避免轮椅对墙面造成损坏。无障碍宿舍或客房的入口大门内外两侧靠近门把手处应设置L形或横向扶手，方便残障者借力推拉门扇。

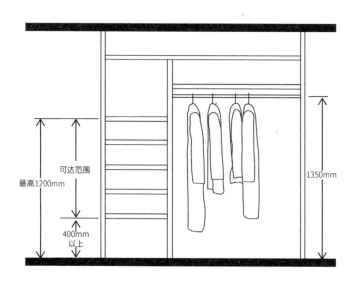

图4-22　无障碍衣橱的细部和空间尺度

　　无障碍宿舍和客房内的浴室应以淋浴设备为主，没有特殊需求尽量不设浴缸。如果设置浴缸，应在浴缸一端设置从轮椅上移动到浴缸时的中转坐台。浴缸的深度不应大于600毫米，浴缸边槽与地面的高差不应大于400毫米，以确保利用者的安全。

　　无障碍宿舍、客房内家具以外的连续墙面应按具体需要设置横向扶手，譬如从床头到浴室的连续扶手等。卫生间、浴室内应根据内部洁具的布局设置必要的抓杆、扶手等辅助用品。

　　无障碍宿舍或客房内应在床头、浴室等处设置紧急报警呼叫器。对于收容具有听觉障碍、视觉障碍利用者的住房必须设置语音播报设备和紧急警示灯，确保在发生火灾等紧急情况时残障者可以迅速获得必要的信息以及避难逃生指示。

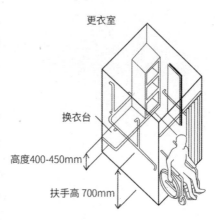

图 4-23
无障碍更衣室的细部设计

图 4-24
听觉障碍者可以感知的紧急报警装置

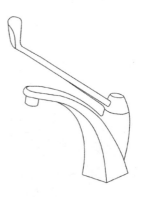

图 4-25
人性化的长柄水龙头

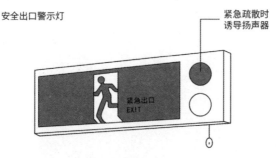

图 4-26
安全出口警示灯设计细部

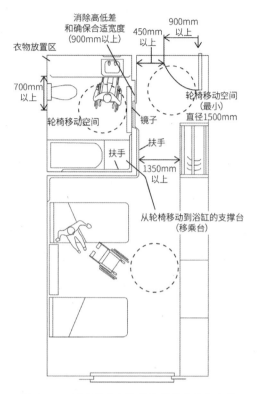

图 4-27 无障碍宿舍的平面布局及室内空间

（二）付款台、门禁

校内食堂、超市付款台等出入口限制之处，在设计时应确保每个收银结账区至少有一处通道的宽度在 900 毫米以上，满足轮椅使用者的通行需求。

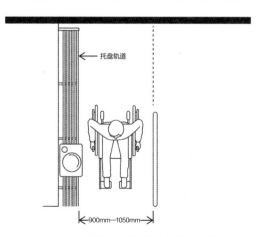

图 4-28 食堂取餐无障碍通道空间示意图

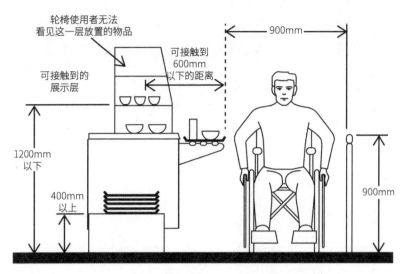

图 4-29　收银台等无障碍低位服务设施空间示意图

校内各种接待、服务柜台以及柜员机均应设置低位柜台服务轮椅使用者。低位台面的高度要满足轮椅使用者的需求，具备足够的容膝空间。

校内食堂、餐厅应设部分带扶手座椅的席位，方便老年人和肢体残疾者坐立。

第四节　满足学习需求的无障碍技术要求

教室的无障碍设计要结合授课形式，在平面布局上充分考虑轮椅使用者、听觉障碍者和视觉障碍者等的需求。首先要确保包括轮椅使用者在内的残障者可以方便出入教室、实验室、会议室等空间。

阶梯教室可设前后两门，为轮椅使用者提供方便进出、可选择的听课位置，轮椅座位的宽度一般为 900 毫米，进深为 1500 毫米。另外，对于听力障碍者应提供包括耦合线圈、FM 在内的各种必要的视听辅助设备。

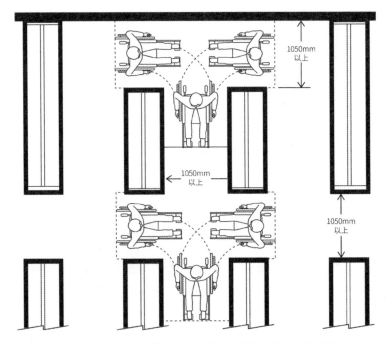

图 4-30　满足轮椅通行需求的图书馆开放书架通道的设计

　　教室内如设置讲台，应设置永久性或临时性坡道，方便残障者登台交流。

　　随着管理自动化和高科技产品的导入，图书馆、档案馆、健身房等校内各种公共性强的建筑开始设置闸机刷卡进入的门禁系统。设置的闸机口应该考虑方便轮椅使用者的通过，入口宽度应该不小于 900 毫米。图书馆内的书架、阅读桌等的布局也应该考虑轮椅使用者的通行，进行合理布局。

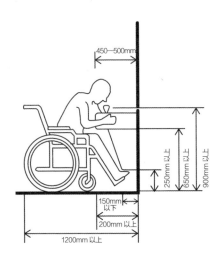

图 4-31
无障碍饮水机的空间尺度

第五节　满足交流、运动需求的无障碍技术要求

一、轮椅座席

校内的各种会议大厅、剧场、体育场馆等设施应充分考虑残障学生观览、讲演、表演等需求，确保必要的轮椅座席或可以临时改造成轮椅座席的空间。舞台、讲台等具有高差的地方，应设置必要的无障碍坡道，保证轮椅使用者可以安全登台。

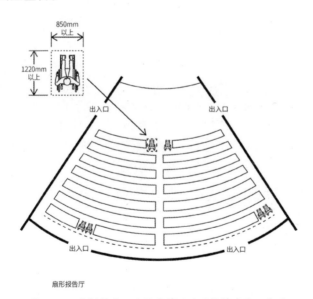

图 4-32　阶梯教室、小礼堂等观演区轮椅席位示意图

二、运动场所的更衣空间

校内体育场馆的更衣处、淋浴房等应考虑方便轮椅使用者。为了保护特殊使用者的生理隐私和安全需要，应设置单独的更衣、淋浴和卫生空间。

图 4-33 无障碍更衣室空间布局示意图

第六节 校园室外景观环境的无障碍技术要求

　　校园的外部空间依照其所在的地区、环境和气候因素，千变万化。有些学校以校舍建筑为主，外部环境资源有限。而也有很多学校的外部环境因素非常丰富，校园内有各种景观景点，环境优美、引人入胜。而如何在完整地保留景观要素的同时，建设高品质的无障碍环境成为在设计时进行探索的焦点。校园无障碍规划应该充分考虑绿色空间、休憩空间、活动空间等多种需求，分清主次，清晰可靠，方便师生员工和退休人员在户外进行活动。

一、校园内园林景观小品的无障碍性能要求

室外休憩场所的材料应该注意满足使用者的体验。譬如寒冷地区的室外座椅应尽量选择热传导性差的材料。另外对于室外健身设施，考虑到使用者大多是一个人，缺乏支持和保护措施，所以应考虑选择安全系数大、方便操作的健体器具。所有器材器具都应避免有尖锐的棱角，防止使用者在锻炼的过程中发生磕碰和意外。运动场地的地面铺装应采用具有安全防护功能的弹性防滑地面，最大限度地减少事故和意外的发生。

二、校园内景观水景的无障碍要求

作为校园内的景观设计要素，水体有着重要的作用。但是校内的水景设计必须考虑包括轮椅使用者、老人、儿童在内的各种使用人群的特点和需求，以安全作为第一要素，构筑必要的防护和提示措施，避免意外发生。尤其是在教学科研等人流密集的公共区域设置的景观水体不能太深，可以旱喷景观为主，而且必须采取防护措施保障安全。在校内休息区等靠近水体或有高差的景点，必须设置挡台、栏杆扶手等安全防范措施，减少滑倒跌落带来的危险。也可以设置适当的安全停留空间，进一步保证轮椅使用者、老人、儿童等弱势群体的安全。

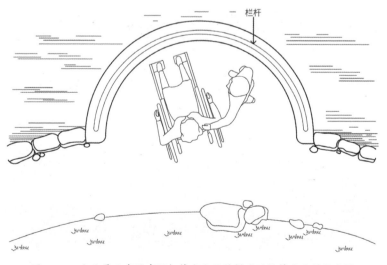

图 4-34　水体景观旁设有栏杆等安全防范措施的轮椅安全停留空间

三、校园内无障碍标识系统

建立统一、明确、易读易懂的校内标识系统，为师生员工和来访者提供一个明确、高效的导视图是校园无障碍标识系统的基本要求。校内标识系统的设计应该在通用设计的理念指导下，充分考虑各类残障、老年群体的生理特征和实际需求，各种无障碍标识应该方便他们识别和利用。

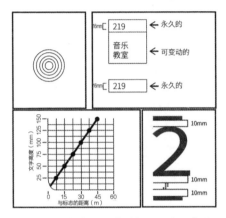

图 4-35 教室的无障碍标识设计示意图

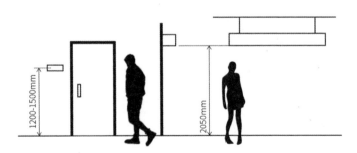

图 4-36 无障碍标识安装高度示意图

图 4-37 无障碍通用标识符号

第七节　无障碍环境的效果验证

在无障碍方案实施的各个阶段，让包括老年人、残障师生在内的各类使用者充分参与到通用设计的进程之中非常重要。在前面我们仔细地讨论了实现校园无障碍的基本原则和方法，而本章则重点探讨了实现无障碍环境的技术要求。同样我们认为在无障碍设施完成竣工之时，对照当初设定的目标加以认真的核实、验证同样重要。通过对成果的检验可以纠正不足之处，而且通过对经验教训进行认真总结和系统提升，有助于促进今后的校园无障碍环境建设。

当前，校园无障碍环境建设正在逐渐受到相关领导和部门的重视，社会对于无障碍设施的理解和接纳也在逐年提高，但是前面仍然有漫长的道路要走。很多人仍然认为无障碍设施仅仅是服务残障者等少数群体的特殊设施。提高校园无障碍环境建设水平的根本在于落实和贯彻宪法、教育法保障的教育平等，从接受残障学生和残障教职工开始。如果以各种理由把残障群体排斥到学校之外，任何冠冕堂皇的无障碍都会变得苍白无力。对于无障碍设施的管理和运用不仅要严格立法，而且要制定罚则。严格执法监督，杜绝严格立法，普遍违法的现象发生。

无障碍小专栏四　卫生间出入口大门的设计

　　到国外出差或旅行时，我们有时会发现国外的很多卫生间的入口大门上部有一个磨砂玻璃窗，下部还有一个百叶窗，但是却不知道它们的用途。

　　其实入口大门上部的磨砂玻璃窗起着确认的作用。由于卫生间的公共属性，经常是人进人出，利用频度很高，因此如果不注意推门过猛很容易误伤门另一侧的使用者。而有了磨砂玻璃窗帮助确认，则可以事先察觉到门的另一侧有人影或者光线明暗的显著变化，就可以事先有准备，小心开门，避免

图 4-38
卫生间入口大门的确认视窗和
换气百叶窗

图 4-39　家庭卫生间入口大门的小型确认视窗

由于过急推门带来的危险。另外日本有的家庭选择门上设有一个孔形小窗的卫生间大门，这样可以通过小窗根据内部有无灯光确认是否有其他家庭成员在使用卫生间。需要注意的是，无障碍卫生间入口大门如设置确认视窗，应当考虑视窗高度设置适当，满足轮椅使用者的需求。

至于门下面的百叶窗则起着通风换气的作用。一般卫生间内设有排风扇，需要置入新风，保持室内空气清洁。新风量等一般根据不同的使用条件，由暖通专业计算换气量确定换气窗的大小。如果不设通风百叶窗而室内又没有其他通风换气措施的话，则空气无法顺畅流通，容易造成室内空气浑浊，产生异味。如果是家庭浴室的话长时间入浴还有可能造成缺氧，甚至危及生命。另外，如果排气风扇的功率很大，加上不利的环境条件，不设百叶窗也很容易产生卫生间室内外负压，严重时影响门扇的开闭。换气百叶的形状多种多样，有竖向条形的，也有长方形的，无论何种形状只要开口面积满足通风换气量的计算结果都可以放心使用。此外为考虑设计美学和艺术等原因，如果不愿意在门上设置百叶窗，也可以将门下部的门缝留得宽一些，保持足够的新风量，代替百叶窗的作用。

第五章
国外校园无障碍环境新发展

经过前几章在理论和标准等方面的探索，校园无障碍的基本脉络已经比较清晰。接下来我们通过对哈佛大学、东京大学、剑桥大学、牛津大学和名古屋大学无障碍案例进行深入讨论，进一步了解无障碍环境建设实践过程中的经验与困惑。上述五所国外大学的无障碍环境建设都是根据学校自身的特点和需求而各具鲜明特色。譬如剑桥大学和牛津大学针对历史性古旧建筑的无障碍改造形成了一系列系统、完整、可借鉴的方法。而东京大学和名古屋大学则在校园无障碍改造过程中事先制定了详细的实施细则，注重细节和无障碍设备，注重软件硬件的综合考量，以水滴石穿、铁杵磨针的定力，脚踏实地地长期努力，逐步实现了校园无障碍。而哈佛大学则更加注重校园公共设施的无障碍建设，积极考虑无障碍在各个领域的全覆盖。当然五所大学除了各自鲜明的特色，也有许多共同之处。例如各校都非常自觉重视遵守国家和地方的无障碍法规，把遵守与残疾人相关的法律规范作为与教育平等的学校理念相辅相成的组成要素；例如各校都有直接隶属于学校高层领导的专职无障碍协调、支援机构，各校都非常重视对学生和教职员工的无障碍理念、知识和技术的培训；又例如各校都制作了使用方便的校园无障碍地图，尤其是这些具有共性之处强有力地保障了校园内的无障碍方策的落地和实施。

第一节　哈佛大学

一、学校基本情况

哈佛大学成立于 1636 年，是一所闻名世界的私立研究型大学，也是著名的常青藤校的成员。哈佛大学是美国历史最悠久的高校之一，现有约 2400 名教学人员，36012名在校学生。哈佛大学严格执行《美国残疾人保障法》中的各项条款，为残障学生、残障教职工以及残障访客创造良好的学习、生活、工作及游览环境。学校成立了校园残障服务部门、多样性教育与支持办公室、无障碍教育办公室、监督办公室等机构，致力于为所有残障者做好服务工作，解决他们在校园中遇到的各种问题。

二、无障碍校园特色

（一）创造平等包容的学习工作环境

哈佛大学在校内15个学院全部安排了残障学生协调员，用于解决残障学生住宿、听课教室、考试地点等问题。通常协调员们会事先详细了解残障学生身体状况，然后及时安排配有完整无障碍设施的宿舍、教室或考点。哈佛大学还精心为残障教职工合理安排工作地点，为他们提供友好、无障碍的办公空间，让他们享有更加人性化的工作环境，享受更加愉悦的职场生活。

哈佛大学还利用自身的研究优势，开发了从人体工程学视角自行评测办公电脑摆放位置的软件系统，增设了人体工程学培训项目，向教职工普及人体工程学的认识，减少因办公设备摆放不正确而造成的职业疾病。

众所周知，导盲犬或服务犬是残障人群的"知心伴侣"，是他们日常生活中不可缺少的小伙伴。哈佛大学允许残障学生、残障教职工及残障访客携带导盲犬进入校园，且不需要事先得到校内主管部门的批准，为校内多样化人群创造了合理便利的条件。

（二）创造智慧高效的沟通环境

哈佛大学高度重视信息无障碍工作。对应不同类型残障学生和教职工的需求，提供手语翻译服务，并在校内公共设施配备了大量盲文提示、文本转语音设备、实时翻译等设备，致力于消除残障学生、残障教职工和留学生群体的沟通障碍以及获取信息的障碍。

1. 添加字幕

哈佛大学选取了三家添加字幕供应商（公示了收费标准、字幕显示准确度、字幕添加所需时间、字幕添加适用范围等相关信息），供所有院系、职能部门在视频影像（如讲课视频、宣传片等）中添加字幕时使用。

2. 辅助设备租借

哈佛大学可提供电子版课程资料、电子设备（例如：人体工程学键盘、鼠标、助听设备、台式电子助视器）、辅助软件（例如：电脑屏幕放大软件）及标准或规格外轮椅的租借服务。

3. 无障碍网站建设审查

哈佛大学要求各院系及部门的网站达到万维网无障碍要求，并提供相应检测系统和网络环境搭建指南等服务。

4. 用户体验反馈

哈佛图书馆用户研究中心可以对所有用户提供必要的无障碍辅具设备和无障碍应用软件，并且通过用户的体验和反馈信息，致力于改善校内现有电子产品的使用便利性及无障碍通用性。

5. 学术备选形式

学术备选形式是通过其他有效交流途径，比如通过语音文档、电子图书、盲文、无障碍化文档或加大字体的印刷品达到无障碍沟通的目的。残障学生可通过校园残障服务部门、辅具中心以及各学院残障协调员获取备选形式工具或相关软件，如科兹威尔 1000（Kurzweil 1000）、科兹威尔 3000 软件套装（Kurzweil 3000 + firefly）、JAWS 读屏软件、Sensus Access 文件转换软件。

6. 校园无障碍地图

哈佛大学主校区无障碍地图非常清晰地展示了校内各学院之间的无障碍通行可达路径，标明了无障碍停车场位置及各个建筑的无障碍出入口，并对各出入口无障碍情况进行了详细说明。朗伍德校区无障碍地图则更加细致，将建筑内外无障碍通行路径闭环、无障碍出入口（带自动门和非自动门）、非无障碍出入口、无障碍坡道、非无障碍陡坡道、轮椅升降梯、无障碍人行通道、无障碍临时上下车站点全部在无障碍地图上显示出来。

（三）创造跨学科、多部门联动机制

哈佛大学校内成立了多个部门，各司其职，共同为全校师生提供无障碍咨询、反馈、监督等服务。

1. 校园残障服务部门

校园残障服务部门致力于为校内残障学生、残障教职工、残障访客提供无障碍相关服务，是校内服务残障人群的重要牵头机构，与校内其他残障人

图 5-1　哈佛大学主校区无障碍地图

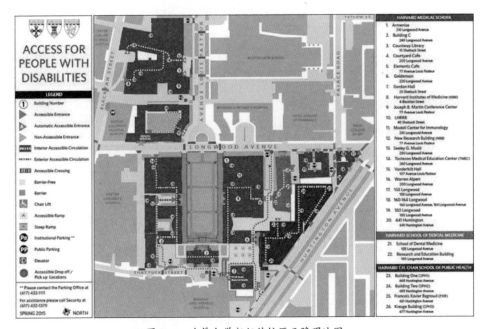

图 5-2　哈佛大学朗伍德校区无障碍地图

图 5-3
哈佛大学柏坦妮图书馆无障碍自学区室内

服务机构、维护无障碍设施部门有着紧密联系。残障者对校园无障碍建成环境及信息环境的意见和建议都可向校园残障服务部门提出，由该部门统一协调校内职责单位，商讨解决方案，并加以落地实施。

2. 教育与支持办公室

教育与支持办公室负责对校内师生提供平等、多样与包容理念的培训工作，帮助他们了解多元文化差异，消除性别、地域以及对人体机能缺陷的歧视，推动实现包容多样、融合的校园环境，不让任何人掉队。

3. 无障碍教育办公室

无障碍教育办公室由文理研究生学院创建，为学院在读肢体残障学生、精神残障学生及学习障碍学生提供无障碍出行、无障碍宿舍申请、无障碍辅具租用等相关服务。

4. 辅具中心

辅具中心成立于 2016 年 8 月，由原辅具实验室演变而来。辅具中心紧密配合各学院协调员的无障碍服务工作，为全职学生提供辅具软件演示解读以及无障碍辅具设备借用服务。

5. 图书馆

哈佛大学图书馆严格遵守校园信息技术在线无障碍政策，按照万维网标准提供无障碍在线电子资料查询、阅读及下载服务。图书馆还为来访人员准备了无障碍辅具设备并开放无障碍自学区。全校图书馆共设有 47 个无障碍自学区，自学区内设有轮椅席位或可移动无障碍设施，来访人员可提前在线预订使用上述设施。

6. 监督办公室

监督办公室设立于 1991 年，是校内独立保密机构，不受学校行政管理。监督办公室接受在校师生及已退休教职工就校内不公平待遇、工作学习环境不满、校内部门服务不周、种族歧视、性骚扰等问题的投诉，对无障碍设施维护及相关服务起到了重要的监督作用。

三、总结

在对校园内建筑和室内外环境进行新建或改建时，哈佛大学严格依照《美国残疾人保障法》的标准实现了校园空间完全可达或在工作人员协助下可达的目标。校园内环境无障碍配套设施齐全，室外环境无障碍路径闭环设计合理，无障碍人行道直通公交站台，无障碍停车位近邻建筑出入口，无障碍出行顺畅轻松，满足了残障者的需求。此外校园信息针对所有人群都容易获取，标识系统设计清晰明了，辅助软件在线租用流程简单快捷，还实现了校内部门的无障碍协调员制度，无障碍从业人员受过严格培训，业务精通，熟练掌握辅助器具以及辅助软件操作流程，与无障碍相关部门形成良好联动机制，全心全意服务校内残障学生和残障教职工。综上所述，哈佛大学校内人文关怀氛围浓厚，校园无障碍环境建设细致完美、堪称典范。

第二节　东京大学

一、学校基本情况

创建于 1877 年的东京大学是日本第一所国立综合性大学，拥有教职工10772 人，在校全职学生 28409 人。作为世界一流大学，东京大学在无障碍研究和无障碍相关应用领域也做出了显著成绩，是亚洲第一所创建无障碍支援办公室的高校。

二、无障碍校园特色

日本是世界上公认将通用设计精细化、实用化、系统化做得最好的国家之一。高校作为社会的缩影也不例外，大到校园建筑群的无障碍设计，小到扶手上的盲文标识，无不将通用设计的理念体现得淋漓尽致。

（一）东京大学无障碍支援办公室

1. 东京大学无障碍支援办公室的成立背景

根据东京大学宪章的精神，东京大学为灵活应对教育和研究活动的发展和变化，时刻从整个大学的视角为促进教育和研究活动、充实全体成员的福利，对校园环境和设施进行整修。从身心健康的支援、无障碍化人力财物的支援、确保安全卫生、维护校园景观环境等环节充实教育及研究环境。

根据东京大学宪章的精神，东京大学尊重基本人权，排除因国籍、信仰、性别、门第以及身体残疾等原因造成不当的歧视和压制，努力使大学全体成员能够充分发挥其个性和能力，建设公平公正的教育、研究和劳动环境。

2. 东京大学无障碍支援办公室的成立过程

2001 年，为实现"无障碍的东京大学"的目标，东京大学设立了工作组，在此基础之上经过讨论于 2002 年 10 月设立了"无障碍支援准备室"，2004 年 4 月经过改组扩充，正式成立了"东京大学无障碍支援室"。

"东京大学无障碍支援室"最初设置在东京大学驹场第二校区的尖端科学技术研究中心内，随着支援业务的急速扩张，2006 年 4 月在本乡校区内设立了分所，并于 2007 年 4 月，将驹场分所搬迁到驹场第一校区。现在，"东京大学无障碍支援室"由本乡、驹场两个分所组成，全力以赴对东京大学在籍的残障学生以及有残疾的教职工进行支持和援助，持续推进校园无障碍的工作。

3. 东京大学无障碍支援办公室的职责和责任

（1）制定保障残障学生和残障教职工学习和工作的实施计划和相关政策；

（2）推进保障残障学生和残障教职工学习和工作的计划和政策的实施；

（3）开展与无障碍支援相关的工作；

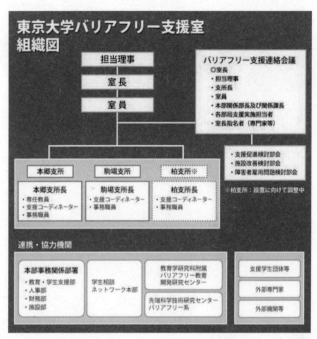

图 5-4
东京大学无障碍支援办公室组
织机构图

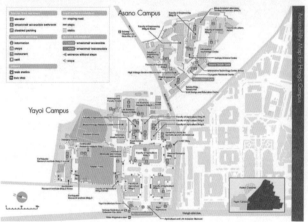

图 5-5
东京大学校园无障碍地图
（弥生浅野校区）

（4）聘用身体有残疾的教职工；

（5）为实施无障碍支援，加强与相关机构的联系、协调与合作；

（6）为残障学生和教职工提供帮助。

（二）建筑设施无障碍化

建筑设施的功能和主要任务就是把用户的需求作为目标。从建筑策划的角度来看，就是要把握用户的人体特性和需求，理解建筑的社会功能以及设

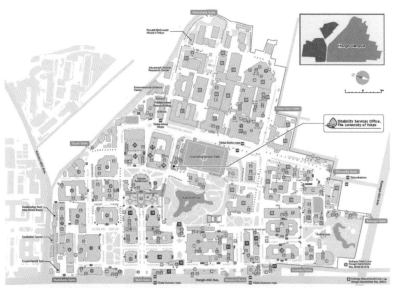

图 5-6
东京大学校园
无障碍地图
（本乡校区）

图 5-7
东京大学建筑
无障碍改造的
坡道

图 5-8
东京大学校内
无障碍电梯出
入口

图 5-9
东京大学校内无障碍卫生间

图 5-10
东京大学校内无障碍停车位

图 5-11　东京大学校内无障碍升降机

图 5-12
东京大学校内无障碍
盲道

图 5-13
东京大学校内无障碍
紧急疏散设备

计上必要的尺寸和空间规模及形态、进行设计的方法。东京大学已经完成了校园无障碍的改造，校园无障碍的研究正在逐步展开，按照最新的用户指向性设计理论指导校园无障碍的研究。

（三）信息交流无障碍化

生活在现代社会中的身体残障者和老年人在生活上存在各种各样的障碍。除了住宅、道路等物质空间的"障碍"之外，还有围绕获取信息的"信息/文化的障碍"以及与个人意识相关的"心理的障碍"等多种多样的"障碍"。认真分析研究产生这些"障碍"的关联机制、思想背景等因素，将有助于为彻底消除"障碍"提供可循的方法与路径。

（四）公平教育无障碍化

从公平教育无障碍化的观点考虑，推进教育无障碍化领域的研究有两条路径。

一是无障碍化。不仅仅限于福祉、医疗、建筑、社会保障制度等课题，而且面向学校的儿童、学生、老师、教育行政官员以及普通市民。教育本来就是普通市民通过学习基础知识培育作为市民的基本教养。

二是不局限于残障儿童以及学生的就学和学习支援活动，而是进一步理解无障碍的理念和思想，积极投入到无障碍环境建设活动中，开展无障碍课程的教学研究计划，培养具有全球化视野的人才。

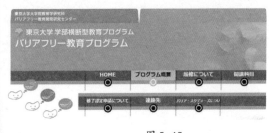

图 5-15
东京大学跨学科的无障碍
教育课程项目

图 5-14
东京大学举办高等教育机构面对
教育机会均等化挑战的学术论坛

三、总结

　　东京大学校园无障碍改造历经 12 年，从改造第一个无障碍坡道、增设第一个无障碍卫生间、购置第一台助听设备开始，一步一个脚印地通过无障碍实践活动不断强化专业技术，不断改进不足之处，最终实现了校园无障碍化。在此过程中构建了由学生、教职工以及志愿者组成的支援体系，解决了无障碍支援经费筹措等问题，校园无障碍环境建设接近世界先进水平。

第三节　剑桥大学

一、学校基本情况

　　成立于 1209 年的剑桥大学是英国本土历史最悠久的高校之一，是一所世界知名的公立综合研究型大学，采用了书院联邦制的运营模式。剑桥大学全身心致力于贯彻落实《残障者歧视法》，实施了系统化无障碍改造及服务管理政策。不仅对校内既有建筑进行改造，满足所有人安全可达的需求，还设立专门职能部门及配套服务体系，帮助辅导残障学生更快更好地适应校内生活。对教职工开展融合教育知识宣传和培训，传授给他们与残障学生沟通的技巧以及注意事项，使他们更多地了解残障学生的困难，帮助残障学生更好地成长。

二、无障碍校园特色

（一）校园既有建筑无障碍改造

　　剑桥大学在校内既有建筑无障碍改造方面交出了完美的成绩单，不仅完成了对所有书院的无障碍改造，还落实了校区内各个院系、研究中心及科研机构、行政部门、体育设施、公共空间设施及图书馆的通行无障碍以及完全可达工作，并清晰地展示在网络空间，完成了相关配套信息无障碍的工作。

1. 剑桥大学书院

剑桥大学共有 35 所书院。有于1284 年建造的彼得书院，还有于 1979年落成竣工的罗宾逊书院。修建年代不一、时间跨度大、所处位置不同等特点造成了各书院无障碍改造难度不同以及无障碍设施数量的差异化。比如有的书院仅有一个入口可以满足轮椅使用者安全可达的需求，有的书院只在一层设置了一个无障碍卫生间等。虽然所有书院的无障碍化程度都有所不同，但都能满足所有人士可

图 5-16　剑桥大学书院出入口

到达、可进入、可通行、可获取信息、可使用院内设施、可享受院内服务的需求。

各书院有高度自治权，还负责学生住宿以及日常课外活动。院内生活学习配套设施齐全，并设有专人处理无障碍相关问题。各书院的网页详细介绍周边标志性建筑、公共服务设施（如商店、餐馆等）、主干道名称、主干道交通情况、两边人行道缘石坡道情况、停车场（包含无障碍停车位）、最佳乘坐交通工具、禁烟规定、医疗机关的运营时间、应急疏散座椅配备情况以及梳理了禁烟区域，便于所有来访者提前获取相关信息。

（1）物质环境可达性。

介绍了整个书院室外通行道路的基本情况，着重介绍了室内外空间及室内重要公共设施，包括教学空间、图书馆、院内办公室、接待前台、公共休息室、快递收发室、档案中心、共享电脑设备、剧院、健身体育设施、无障碍卫生间、自助洗衣房、教堂、音乐排练室、花园绿地、酒吧、咖啡厅等在内的物质环境可达性及配套无障碍设施。大部分设施都满足物质环境可达条件，极少数设施由于无障碍改造难度大、成本高等原因仍无法达到无障碍通行标准。自助洗衣房通常建在地下室，受到楼层结构影响，不具备安装电梯

的条件，是物质环境不可达的典型案例。

（2）住宿与餐饮服务。

各书院均配有数量不等的无障碍宿舍，有条件的书院还在靠近无障碍宿舍之处设置了无障碍厨房及陪同人员宿舍，展现了剑桥大学无障碍系统规划的严谨与周密。所有书院都允许导盲犬进入与视障学生为伴，陪同他们成长，愉快地学习和生活。各书院还提供人性化的餐厅运营模式，可为穆斯林等宗教群体提供配餐等服务。

 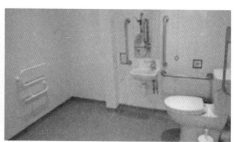

图 5-17　剑桥大学无障碍宿舍内部　　　图 5-18　剑桥大学无障碍宿舍卫生间

（3）针对视觉障碍群体的服务。

视力障碍群体离不开导盲犬的陪伴，导盲犬是他们最要好的朋友。各书院都非常欢迎导盲犬陪伴视障学生一起入住，并会责无旁贷地为他们创造良好条件，提供更加便利的服务。公共电脑设备均可为视障学生安装读屏软件或其他有助于视障学生学习获取信息的软硬件设备，部分图书馆配有放大镜等放大仪器或强光线课桌，便于视障学生阅读文献及相关资料，书院还对室内外标识系统进行了系统化设计，在主要入口及主要公共设施处均有明显标志，起到了良好的导引作用。尽管各书院对视障群体提供了全方位、多维度的服务，但仍然存在需要改进的地方。例如，楼梯踏步踏面和踢面没有颜色区分，有些楼梯扶手连贯度不足，夜间花园绿地灯光比较昏暗，缺少重要设施的盲文提示，只有少数电梯具有语音提示功能等。

（4）针对听觉障碍群体的服务。

大部分书院室内的公共设施配备了具有助听功能的设备，便于听障群体更加清晰、准确、容易地听到声音，但配备覆盖范围参差不齐。有些书院在大厅、教堂、走廊配备了感应线圈系统，有些书院则在会议室、咖啡厅、剧院配备了感应线圈系统，也有些书院在院内行政办公室、前台、餐厅、图书馆及剧院配备了感应线圈系统，还有些书院专门为听觉障碍学生提供了带有感应线圈系统的宿舍。另外，听障群体还可以在书院前台或图书馆借取便携式感应线圈系统，以便他们在没有安装感应线圈系统的区域也能够正常获取信息。另外，大部分书院还配有震动枕头报警器或视觉和感应火警报警器，帮助听障群体在灾情发生时可以迅速获知灾情发生情况，及时逃离危险。各书院还专门标出了院内环境安静和嘈杂的公共区域，方便听障学生能更好地选择最佳生活和学习地点。

（5）针对特定学习障碍群体及精神障碍群体的服务。

少数书院平日提供面向特定学习障碍群体或精神障碍群体的咨询服务。

2.剑桥大学的院系、研究中心及科研机构

剑桥大学有多达79个院系、研究中心及科研机构，相比于书院的完整独立性，部分院系、研究中心及科研机构共用一栋建筑。相比于书院内学习、生活配套设施的齐全，各院系、研究中心及科研机构内的设施则更加偏重教学和研究。

（1）物质环境可达性。

各院系、研究中心及科研机构的出入口都满足了物质环境的可达性需求。有的是正门可以通行，有的是后门可以通行，也有的是全部出入口都可以通行，但并不是所有出入口都配有自动门。各院系、研究中心及科研机构的建筑高度不一样，最高的八层，有的则只有一层，大部分多层建筑安装有电梯，可无障碍地抵达任何一个楼层，但也存在个别楼层无法抵达的情况。虽然阶梯教室内有台阶和高差，但配备的升降平台或可调节平台可以方便轮椅使用者在前后排座位之间自由移动，方便轮椅使用者更容易地找到比较理想的听课位置。研讨室和教学实验室宽敞明亮，配有可移动的便携式家具以及升降平台，方便轮椅人士使用。图书馆室内设有电梯，满足完全可达性条件，并且实现了无线网络全覆盖。部分图书馆还采购了方便移动的家具并设有无障碍卫生间。各个院系、研究中心及科研机构均设有无障碍卫生间或无性别卫生间，有个别院系还设置了公共休息室和博物馆。

（2）针对视觉障碍群体的服务。

导盲犬可陪伴视障者自由进入，但是还有少数院系的标识系统不是很完善，标识牌较小不够醒目，不过前台的工作人员会非常热心地提供路引和各种帮助。个别学科需要学习大量视觉课程，比如绘图、制造模型或使用电脑绘制各类设计图纸或通过专门设备进行实验以及观察实验结果等，当然这对于视障学生来说是一项非常严峻的挑战。少数院系图书馆配备放大镜等放大设备，可放大图像的扫描仪及复印机的购置率也不高，不过整体来说图书馆照明系统很完善，搭配宽敞透亮的窗户，给轻度视力障碍人群创造了良好的学习环境。大部分院系公共设施缺少盲文标识牌，公共电脑设备没有安装读屏软件，不利于视障人群友好便捷地获取信息。

（3）针对听觉障碍群体的服务。

大部分院系在阶梯教室搭建了感应线圈系统，少数前台配备了便携式闭路电磁感应集合助听系统以及震动呼叫火灾报警器。有的院系临近道路，噪音较大，但图书馆及阶梯教室远离道路，相对比较安静。

（4）针对特定学习障碍群体及精神障碍群体的服务。

部分院系可根据学习障碍群体的需求提供帮助。

3.剑桥大学行政部门、体育设施以及公共设施和公共空间

剑桥大学共有 14 个行政及支持服务部门，2 个体育中心，6 个博物馆，1 个多功能影院，1 个绿地花园。

（1）行政及支持服务部门。

行政支持部门整体楼层不高，大部分没有安装电梯，没有永久性无障碍停车位。低层的行政部门没有设置无障碍卫生间，但服务支持部门在低层都设置了无障碍卫生间，也许这是剑桥大学行政部门没有雇用残障员工的缘故，而服务支持部门则需要为残障学生提供咨询服务，因此在低层都修建了无障碍卫生间。视障群体可以携导盲犬进入，但他们只能在少数部门使用安装了读屏软件的电脑及触摸到盲文提示标牌。对听力障碍群体而言，他们可以在一些部门的接待前台领取便携式感应线圈系统。

（2）体育中心。

综合体育中心修建了 12 个无障碍停车位，出入口设有电动门及低位服务台配套设施。健身器材种类繁多应有尽有，譬如有壁球馆、多功能厅还有篮球场。综合体育中心共两层，设有电梯，上下两层均设有无障碍卫生间，一层还修建了无障碍卫浴间及无障碍更衣室。在高峰时段前台人多嘈杂，健身

房播放音乐不利于听障群体获取外界信息。比赛训练基地是剑桥田径俱乐部的训练场地，用于专业运动员的训练和比赛，其中也包括残障运动员。比赛训练基地有充足的停车位，内设电梯及无障碍更衣室及卫浴间，方便残障运动员训练和比赛使用。

（3）博物馆。

大部分博物馆停车困难，但设有电梯，修建了无障碍卫生间及母婴室，并允许导盲犬进入。馆内标识系统清晰，提供特大字体印制宣传册及特大字体标识牌，在出入口设有感应线圈系统，还可提供便携式感应线圈系统。个别博物馆导览图及标识较小，对视障群体来说阅读难度大。为解决这个问题，博物馆在出入口处专门安装了盲文导览，培训工作人员服务视障群体。另外，少数博物馆安装了透明玻璃门及相应的警示提示牌，提醒参观人员注意。少数博物馆还提供手动轮椅租借服务，为语音讲解系统配备了入耳式耳机，可使听觉障碍者能够更清晰更准确地听到语音讲解。博物馆内个别地方会有轻微的回声及交通噪音。

（4）多功能影院。

集音乐剧、舞台剧、喜剧、音乐会功能于一体的多功能影院设有无障碍停车位、无障碍卫生间、电梯及轮椅席位，为轮椅使用者提供了娱乐休闲的场所。对于视障人士而言，多功能影院可以提供特大字体印制宣传册，但是没有盲人电影或配音解说。多功能影院在座位席安装了红外线听觉辅助系统，对听障人士来说则更加友好、更加人性化。

（5）绿地花园。

绿地花园占地40英亩，收藏了8000多种植物，建有一个咖啡厅、野餐区和商店，道路平坦，没有台阶，并设有无障碍卫生间、带扶手的座椅休息区及预留轮椅席位的野餐区，允许导盲犬陪同轮椅使用者进入，出入口设置了低位服务台以及闭路电磁感应集体助听系统，唯一不足的是没有公共停车场。

4. 校内图书馆

除了各书院及院系内部图书馆外，校内还有五个重要的图书馆。室内安静，无交通噪音，无线网络全覆盖，设置了电梯以及配备了可自我调节高度的桌椅和紧急疏散座椅。馆内路引标识及重要设施标识清晰，照明条件良好，配有放大镜等辅助阅读设备。其中，校内规模最大图书馆——剑桥大学图书馆无障碍设施齐全，收藏了来自全球的大量手稿、书籍、期刊文献及音像出版物。剑桥大学图书馆共七层，设有九部电梯，并设有无障碍停车位。馆内设置有无障碍卫生间、公共休息室、展览中心、储存空间、辅助器具室和宽敞明亮的阅读室。阅读室内设有固定书桌和可移动座椅；辅助器具室内设有扫描仪、大屏幕电脑设备、海豚超新星放大设备、读屏软件专用电脑键盘、便于视障群体使用的轨迹球鼠标、人体工程学座椅和三张可调节高度的书桌。此外，剑桥大学图书馆还雇用了专业救护人员，馆内大部分图书都适合所有人阅读。五大图书馆中仅有一个未修建无障碍卫生间，但整体无障碍环境良好，设施齐全，方便所有人使用。

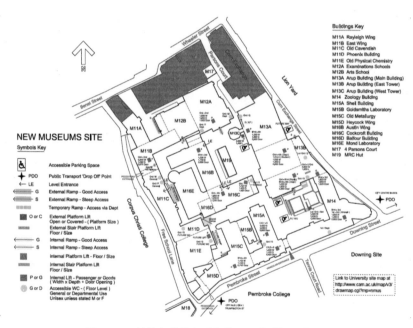

图 5-19　剑桥大学彭布罗克学院无障碍校园地图

（二）残障学生咨询与支持

剑桥大学设立残障资源中心，并由残障资源中心牵头，建立校内残障学生联络办公室，由各书院、院系指派联系人为残障学生提供安全友好和保护隐私的服务。残障资源中心旨在为当前和将来的残障学生提供所有涉及校内资源的咨询服务，消除所有障碍，为他们创造公平公正的学习机会。残障资源中心还致力于为残障学生开发实施能发掘他们最大潜力的支持项目，并为校内教职工提供融合教育、无障碍及通用设计的教学应用资讯培训服务，指导教职工充分了解残障学生的需求，指导学生按时完成他们的学术目标。

1. 残障学生咨询与支持服务

剑桥大学列出了所有残障学生咨询专家的姓名、咨询范围及工作时间，简单明了，一目了然。剑桥大学制作了线上残障情况调查表，在严格执行隐私保护的同时，了解残障学生的需求及个人情况，便于今后提供更加人性化和周全的服务。剑桥大学可对通过审核的残障学生提供课堂讲座录音借用服务，供他们充分理解教授的研究思路及方法，掌握课程要点。

残障资源中心可与考试董事会协商，为符合要求的残障学生提供特殊考试安排。残障学生可享有更长的考试时间，可使用文字处理软件，可在独立教室参加考试，可派遣抄写员协助处理与考试内容无关事宜。残障资源中心还可提供专业的阅读障碍及特定学习困难评估及咨询服务，通过六个步骤为疑似患病学生进行有偿测试，帮助他们打消疑虑，解决问题，并会根据测试结果提供后续配套服务与支持，如课堂讲座录音借用等服务。

2. 资金支持

剑桥大学为身份与国籍不同的残障学生提供资金种类不同、数量不等的支持。有的资金仅用于资助英国本土残障学生的日常生活，有的资金可以资助欧盟残障学生和残障留学生。

（1）英国国籍残障学生。

自2016年9月起，剑桥大学为英国本土残障学生提供人力资助（如记笔记、学习辅导员、作业校对、学习窍门讲解、专家指导），这些人工开销全部由剑桥大学设立的"合理调整专项资金"承担。此外，剑桥大学还建立了"残障学生津贴"，解决残障学生在学习生活中遇到的其他问题，比如专用设备，非医疗援助人员人工开销、综合津贴。满足以下四个条件的残障学生可申请"残障学生津贴"：一是英国国籍，二是身体重要器官受损（如视障、听障、肢障）、精神受损（精神障碍）、长期健康状况不佳（如患癌症、慢性心脏病）、学习困难（如阅读障碍、运动障碍），三是已被学校录取，四是学习超过一年。对全日制残障学生来说，"残障学生津贴"可补助他们购买专用设备金额高达 5529 英镑，每年非医疗援助人员人工开销高达 21987 英镑，每年综合津贴高达 1847 英镑。对非全日制残障学生来说，"残障学生津贴"补助金额略有降低，整体来说还是非常充裕的。其中，购买专用设备金额与全日制相同，高达 5529 英镑，每年非医疗援助人员人工开销高达 16489 英镑，每年综合津贴高达 1385 英镑。上述金额是"残障学生津贴"的最高上限，大部分残障学生实际获取津贴补助低于上限值。

（2）欧盟国家及其他国家残障留学生。

欧盟国家及其他国家残障留学生可申请"残障留学生基金"，用于支付他们独立生活需求评估费用、购买专用设备费用、非医疗援助人员人工开销及额外差旅花销。他们必须是在剑桥大学登记注册留学生，且已支付学费，并提交医疗机构的诊断证明才有资格申请"残障留学生基金"。为纪念于 2012 年 7 月去世的残障留学生内哈和她为推进剑桥大学残障学生事业所做出的贡献，剑桥大学设立了"纪念内哈·西杜·帕特里克基金"，用途与"残障留学生基金"相近。上述两个基金只对残障留学生开放，英国本土的残障学生无法申请。

3. 其他类型资助

（1）针对英国国籍残障学生的资助。

"学生健康协会奖学金"由学生健康协会资助及管理，目的是为残障学生创造良好的学习环境，可用于购买学习辅助设备（如电脑、应用软件、轮椅等），资助金额最高可达 500 英镑，申请截止日期分别为 3 月 1 日、6 月 1 日和 11 月 1 日。

（2）对于全体残障学生的资助。

"残障学生奖学金基金"由残障资源中心设立，致力于为残障学生解决与学术相关的额外设备或服务费用问题，资助金额基于残障学生个性化需求而定，没有上限值。

"查理·贝恩信托基金"由残障资源中心负责管理，帮助残障学生解决在差旅途中因自身残障状况而遇到的额外开销问题，可承担残障学生陪护人员差旅费用，补助金额最高可达 500 英镑，申请截止日期至 5 月底，剑桥大学残障学生与安格利亚鲁斯金大学残障学生均可申请。

（3）来自公益组织的资助。

"斯诺登信托基金"由斯诺登信托赞助及管理，主要用于帮助肢残及感觉器官残障学生更好地完成校内独立学习生活，可承担他们人工协助费用、购买辅具费用、差旅费用等。资助金额从250英镑至2500英镑不等，申请截止日期在2月1日至8月31日间。

"ACT基金会"致力于改善困难学生生活质量，可用于建筑改造、购买辅助设备等，补助金额最高可达2500英镑。

4. 人文关怀——非医疗援助

残障资源中心可为残障学生提供非医疗援助，例如，记笔记，图书馆协助，实验室协助，作业校对，考试协助（抄写员和阅读人员），学习辅导员，独立出行训练，一帮一学习窍门讲解。残障学生需要按照电子时间表进度完成指定任务，非医疗援助人员费用由学校提供的基金承担。

5. 其他支持服务

剑桥大学还面向所有学生提供支持服务，比如：校内咨询服务、就业指导服务、剑桥学生协会、学生咨询指导服务、辅具资助、阅读障碍测试、特定考场安排、艾斯伯格症候群测试、讲课录音等服务。

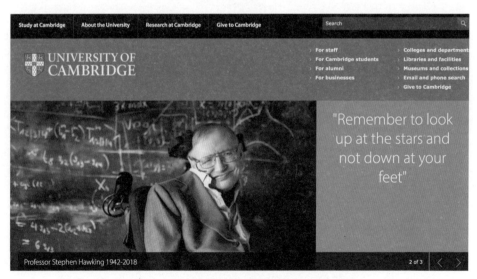

图5-20 剑桥大学著名的残障者——霍金教授

（三）教师授课技巧

按照英国《2010年平等法案》规定，教师授课内容不仅要让正常学生理解，还要让残障学生领会要点，活学活用。举个简单的例子：残障学生需要无障碍通行抵达教室，且使用必要电子设备听讲或与其他同学讨论。这就要求教师在备课时准备适用于残障学生的教学资料及方式，让他们与常人一样听课，与常人一样分组讨论，与常人一样上台演讲。

总的来说，教师们应做到以下五点：一是在课前主动与残障学生沟通，了解他们身体状况；二是与残障资源中心联系，获取残障学生支持资料，清晰地掌握影响不同类型残障学生学习的关键要素；三是提前准备适当的辅助器具及字体清晰、已标注重点的讲义；四是鼓励残障学生多提问题，多参与讨论环节，多与同学沟通；五是课后继续保持与残障学生交流，获取他们课后的反馈，并探讨今后如何改进。

三、总结

剑桥大学无障碍校园环境建设结构完整、层次分明、责任到人、管理到位、服务周全、理念浓厚，从空间可达到信息通畅层面，从设备设施管理维护到包容多样服务体系层面都具备世界顶尖大学校园无障碍环境建设标准。剑桥大学对历史建筑无障碍改造历经几十年，一步一个脚印，克服重重困难，达到无障碍畅行标准，是残障学生和残障教职工的福音。剑桥大学还提供咨询支持、资金支持、教师授课技巧训练支持，为残障学生打造更加合理便利的校园环境。

第四节　牛津大学

一、学校基本情况

牛津大学创建于 1167 年，是全球最古老的大学之一。其由 44 所学院组成，在成立时未统一规划校区，分布于整个牛津城。自 1995 年英国《残障者歧视法》实施后，各大学院纷纷开始对既有建筑室内外环境进行无障碍改造，包括建筑物自身的可达性、出入口、建筑物内水平与垂直交通以及室内设施等。在改造伊始各大学院都面临资金短缺、建筑物建造年代久远、建筑内部设施空间及周边环境空间有限、无障碍改造施工技术欠发达等问题。牛津大学采取了循序渐进、各个击破的方式，对需要进行无障碍改造的设施进行改造优先顺位的评估，分轻重缓急按时序有条不紊地进行改造，消除了大部分建筑物内外环境存在的障碍，但仍有少数老旧建筑无法满足轮椅使用者可达性的要求。校方还邀请包含残障者、老年人以及外国人全程参与无障碍改造成果的评估与验收，从使用者的角度发现问题、提出改善建议，努力提高校园无障碍环境建设的水平。

二、无障碍校园特色

（一）历史建筑无障碍改造成果显著

1. 万灵学院

万灵学院欢迎所有残障者来访，并全力为来访的残障者提供必要的帮助。由于无障碍改造受到室内有限的空间影响，院内所有建筑都未能达到无障碍化标准。主要入口有两步台阶高差，来访轮椅使用者需提前告知以便于学院准备临时坡道解决高差问题，或推荐其他预设的可以无障碍出入的建筑路线。另外，如轮椅出现故障，轮椅使用者或行动不便者可前往万灵学院接待中心借用轮椅使用。

图 5-21
牛津大学万灵学院

老图书馆是院内预设无障碍建筑之一，其主要出入口存在高差较大台阶无法可达问题。为此，万灵学院专门配置了升降平台以满足轮椅利用者或行动不便者独自参观，并为其陪同人员设置了陪同人员休息室。沃顿建筑门前有三阶台阶，配备了临时坡道，且内部搭建了感应线圈系统，方便听觉障碍者的使用。科德林顿图书馆入口处仅有一阶台阶，并配有携带方便的临时坡道，轮椅使用者只需提前与图书馆工作人员联系沟通即可顺利地进入图书馆借阅图书。

霍凡登建筑及研讨会专用建筑因技术原因无法消除其出入口台阶的高差问题，因此残障者无法进入，万灵学院特别提醒不要将有轮椅使用者出席的学术会议或研讨会安排到上述会议室。

万灵学院周边停车位十分有限，不过仍为残障人士提供了两处专门预留停车位，一处设在瓦尔登路上公交站台东边入口处附近，另一处是在雷德克里夫广场上。与此同时万灵学院还修建了两个无障碍卫生间，一个位于四边

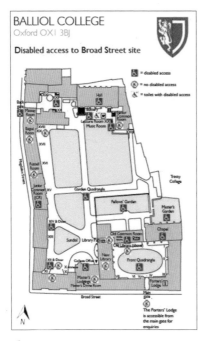

图 5-22
牛津大学贝利奥尔学院无障碍地图

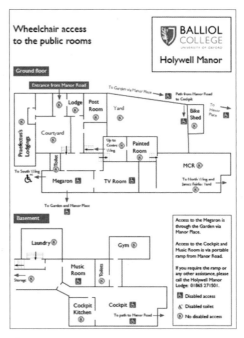

图 5-23
牛津大学贝利奥尔学院霍利韦尔庄园院区无障碍地图

形方院的前厅内，另一个则在科德林顿图书馆内。

2. 贝利奥尔学院

贝利奥尔学院招收本科及研究生类残障学生，并设置了无障碍办公室，雇用专人为残障学生提供学术建议咨询等服务。贝利奥尔学院还为残障学生提供新建的配有无障碍卫生间及淋浴设备的宿舍，其中一间在主楼，一间在研究生中心，另外三间在新建的周伊特沃克建筑内。学院内图书馆可达性较低，轮椅人士仅可在一层无障碍通行。图书馆还为轮椅使用者提供了自由借阅图书的便利，使用轮椅的学生可自行选择领取与归还图书地点。此外，院内小教堂与23间教室还特意为听障学生配备了感应线圈系统。

从贝利奥尔学院无障碍地图看，百老街院区主要入口需要通过临时坡道进入，内部有近一半建筑不可达，但院区绿化景观基本可达，并配有一个无障碍卫生间。霍利韦尔庄园院区主要入口无法满足轮椅人士进出，只能借助便携式坡道从侧入口进出，且内部建筑有一多半不可达。

贝利奥尔学院修建年代较早（1263年），院区内部建筑无障碍改造难度非常大，无障碍环境较为欠缺。贝利奥尔学院为弥补无障碍硬件设施的先天不足，加强了无障碍支持服务：成立无障碍办公室，改造无障碍宿舍，为残障学生安排可达性强的考试教室等。

3. 墨顿学院

墨顿学院成立于1264年，是牛津大学最古老的学院之一。学院有三个院区：墨顿学院主院区、霍利韦尔院区及墨顿运动场地院区。墨顿学院主院区

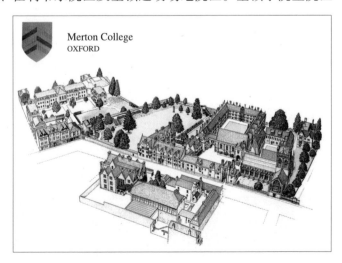

图 5-24
牛津大学墨顿学院

图 5-25
牛津大学墨顿学院无障碍
卫生间

图 5-26
牛津大学墨顿学院无障碍
升降机

由六个不同区域组成，由于建筑年代久远等原因，并非所有区域都能满足无障碍可达性的要求，但是大部分区域具备无障碍可达能力。

墨顿学院的三个校区均设有无障碍停车场，方便轮椅使用者使用。墨顿学院位于墨顿大街上的主入口是一扇特大木门。如果木门处于关闭状态，需要利用镶嵌的套门出入，这样进入学院校区时会有高差。因此轮椅使用者如发现特大木质门关闭的话，需联系看门保安将其完全敞开才能顺利地进入墨顿学院。另外，墨顿学院内设有很多处于关闭状态的电动门，而且建造电动门的材质非常沉重。为了方便轮椅使用者在墨顿学院内自由通行，需要联系学院接待人员领取电动门的门禁卡。

墨顿学院公共区域共设有两个无障碍卫生间，一个坐落在前院，一个建在与艾利奥特剧场相邻的东院。另外在主院区格罗夫二号楼、大众院、霍利韦尔院区二号楼内还设置了三个私人无障碍卫生间，上述五个无障碍卫生间都具有完全可达性，便于轮椅人士使用。墨顿学院还在接待前台、艾利奥特剧场以及学院小教堂内安装了助听系统，可为听觉障碍者提供相应的服务。

墨顿学院内设有四部电梯，分别位于前院、艾利奥特剧场、芬莱楼及圣阿尔班楼内。轮椅使用者可乘坐上述电梯前往目的楼层。另外，墨顿学院还完整地列出了无法满足无障碍条件的区域，方便来访的轮椅使用者提前做好准备。

通过不懈的努力，墨顿学院基本完成了针对各类障碍人群的需求以及院内建筑及设施设备的无障碍改造工作，院内大部分区域都已达到无障碍通行标准，是历史性建筑无障碍改造的成功案例。

图 5-27
牛津大学墨顿学院高低
位服务台

图 5-28
牛津大学历史建筑
外观

图 5-29
牛津大学历史建筑室内
空间

图 5-30
牛津大学校内餐厅

图 5-31
牛津大学校内加装的电梯

图 5-32
牛津大学校内无障碍坡道

图 5-33
牛津大学校内垂直升降
平台

图 5-34
牛津大学校内无障碍升降
平台

图 5-35
牛津大学绿化景观

（二）网络智慧校园实景图

　　牛津大学已建成网络智慧校园实景图系统，校园内所有建筑出入口都已标注，并可在智能终端、电脑等设备上点击查看 360 度视角实景图。

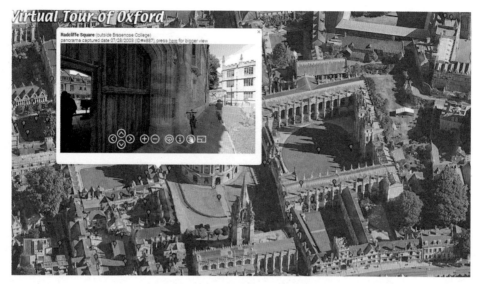

图 5-36　牛津大学网络智慧校园实景图

（三）无障碍理念传播

1.残障演讲

残障演讲每年举办一次，邀请一位校内或校外具有一定影响力的嘉宾做有关通用无障碍与包容多样的主旨发言，并在播客播出演讲内容，引起更多人关注。

2.残障学生协会

残障学生协会由牛津大学学生会残障学生组织运营，致力于组织社会公益活动，增强公众无障碍理念普适性，也为校内残障学生创建了良好的沟通交流平台。

3.残障者历史月

残障者历史月是年度组织的活动，旨在搭建平台让更多人关注历史上残障者的励志故事，了解他们为推动人权平等做出的努力。

（四）平等与多样的人文服务

1.服务残障学生

牛津大学各院系均建立了残障学生协调员制度，协助残障学生解决在校学习生活问题，如安排无障碍考场、无障碍宿舍、无障碍通行、专人协助记录笔记等服务。

2. 服务残障教职工

牛津大学可为残障教职工安排弹性工作时间、改变办公环境、提供辅助器具、安装辅助软件、批准就医看病假、安排专人协助（如邀请手语翻译）、提供相关技能提升培训等服务。所有涉及到的费用由院系或学校专项资金负担，无须个人支付。

3. 残障教职工社交平台

残障教职工社交平台的设立旨在通过线上线下交流帮助校内残障教职工扩展人脉，更加容易地融入校园体系，创建友善的工作环境。

4. 残障咨询小组

残障咨询小组提供所有涉及残障与包容平等问题的咨询与指导，致力于帮助残障人获取更多社会支持，提高公众对残障相关问题的认知。小组成员来自全校为推动残障事业发展而努力工作的教职工。

三、总结

从对牛津大学典型历史建筑无障碍改造案例的分析可以看出，受到建筑材料和施工技术等影响，历史建筑的无障碍改造难度非常大，无法满足所有出入口及建成环境均达到无障碍通行的标准。通过系统性规划，可以实现局部物质空间无障碍改造，再搭配相应的临时无障碍措施、无障碍人文服务和良好的运营管理，基本可解决既有建筑、室外环境及公共区域慢行系统的可达性问题，是历史建筑无障碍改造的成功案例。

牛津大学信息无障碍化处于全球高校领先地位，主要表现在校内各学院实景图、无障碍图书馆、各类电子书及辅助软件应用上。残障访客或残障新生可在线上获取所有有关来访及入学的相关信息。牛津大学无障碍人文服务也具有世界一流水准，如残障者历史月及残障咨询小组等具有引领意义的活动充分显示出牛津大学的社会创新能力以及对平等、包容、多样性的人文理念的高度重视。

第五节　名古屋大学

一、学校基本情况

名古屋大学创办于 1871 年，本部位于日本爱知县名古屋市，是日本中部地区最高学府，日本的著名研究型国立综合大学，日本"超级国际化大学计划"A 类顶尖大学。

名古屋大学东山校区位于名古屋市东部的丘陵地带，属于开放式校园，周围的居民可以自由出入，兼具城市的功能。校园内共有大小建筑物 240 栋。东山校区由西北向东南呈不规则的狭长状，四谷大道西侧的部分相对平坦，地势较低，东侧的部分则坡度较大，整个校园的东西高差约 50 米。为了给残障者等各种有需求的利用者提供更好的服务，名古屋大学推行多项措施改善校园无障碍环境，进一步完善校园环境建设。

二、校园无障碍特色

（一）制定无障碍专项工作机制

1. 成立无障碍工作机构

名古屋大学在 2010 年设置了残障学生支援室，负责为在校学生提供相应的无障碍服务。此外，校园内部还设有设施支援、男女共同参与计划支援、外国留学生支援等组织。学校也组织召开由不同类型残障学生、留学生等参加的专题研讨会，从不同的角度收集无障碍需求，研究解决不同的无障碍课题。

2. 编制校园无障碍导则

为了进一步完善校园环境，推进"名古屋大学校园通用设计"的理念，使名古屋大学的成员以及来访者能够放心地在校园内通行，名古屋大学在 2010—2016 年的中期发展目标与计划中，提出要对需要帮助的学生提供支援，推进男女共同参与计划和国际化的水平，并出版了《名古屋大学校园通用设计导则2015》。导则以校园的使用者、管理者、设施提供者、访客等作为对象，从学校理念、校园现状、通用设计的方针与计划、未来愿景等方面进行了详细解说。

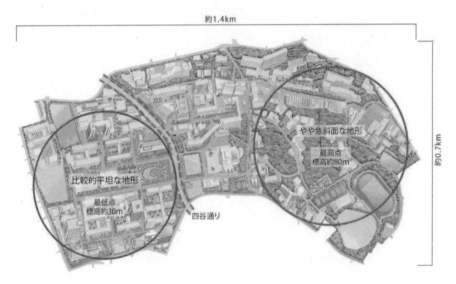

图 5-37　名古屋大学东山校区总平面图

（二）创建无障碍友好的校园环境

1. 无障碍导引系统

完善的无障碍导引系统需要准确、简单的表达，从而有效地帮助各类障

图 5-38
名古屋大学校园标识牌

图 5-39
名古屋大学校内建筑标识牌

碍者获取信息。名古屋大学标识牌与建筑内部标识牌颜色一致，配色具有明晰的辨识度。校内用统一的颜色标明不同学科和不同功能的建筑，并对应到不同的楼层教室、办公室等，信息指引明确清晰。同时名古屋大学在标识牌中加入校园地图的二维码，所有人都可使用智能终端等设备扫描后进入网络校园地图获取所需信息。

为方便残障群体获取校园中各类无障碍公共设施的信息，名古屋大学还制作了校园无障碍地图，并配有相关手册。将无障碍卫生间、无障碍停车位、无障碍通道等适合残障者利用的地点和路线集合在一起，方便了包括残障者、老年人在内的各种来访者参观访问的需求。

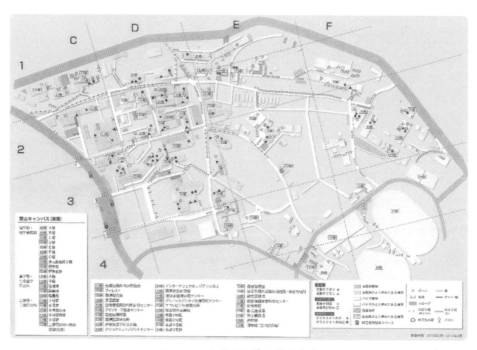

图 5-40　名古屋大学无障碍地图

名古屋大学在标识导引系统的设计中，加入了触感的应用。在多个建筑体内部楼梯扶手的起始端，设有盲文的触觉提示，并使用不同的颜色增加盲文导视的辨识度，让视障者通过这种方法获取楼层信息，了解空间环境。

同时，建筑的每个楼层的电梯出入口会装饰成不同的颜色，并配有立体的楼层提示，便于乘坐电梯者感知各楼层的信息。

图 5-41
名古屋大学校内盲文导引

图 5-42
名古屋大学校内电梯出入口

日本出台《无障碍新法》，明确规定停车场内应设置轮椅者使用的停车设施，相关设施标识的位置应鲜明易找，内容容易识别。名古屋大学校内无障碍停车位上设有可移动的立体标示牌，相对地面标识更为醒目，方便利用者正确使用停车位。

2. 无障碍通行

名古屋大学步行环境流线清晰，与各个功能空间衔接自如，使用起来非常方便。首先，对于室内外有高差的建筑设置了无障碍坡道、扶手，方便来访者使用。并且在有条件的入口处设置了遮阳雨棚以及休息座椅等景观小品，为来访者提供更加人性化的外部空间环境。此外由于校园东高西

图 5-43　名古屋大学无障碍停车位

图 5-44
名古屋大学建筑入口坡道

图 5-45
名古屋大学高差较大处
设置升降机

图 5-46
名古屋大学校内设置
的盲道

低，有 50 米的高差，因此在校园内个别难以设置坡道的地方设置了升降扶梯，满足了校园内无障碍出行的需求。

其次，名古屋大学在校内各主要建筑物的入口处都铺设有盲道，盲道从入口一直延伸到接待大厅服务台或电梯厅。在建筑物的内部尽量使盲道的颜色、材质等与周围环境匹配融合、统一和谐。

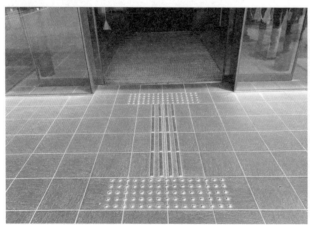

图 5-47
名古屋大学建筑出入口室外盲道

图 5-48
名古屋大学建筑出入口室内盲道

3. 无障碍卫生间

无障碍卫生间在整体建筑中只占据很小的一部分，但其设计的精细化和工业化程度却可以反映出对无障碍理念的理解和贯彻程度。名古屋大学无障碍卫生间的人性化设计充分考虑到不同使用者的需求，包括残障者、哺乳期的女性、人工造瘘患者等的需求。无障碍卫生间内设有无障碍坐便器、低位洗手池、低位呼叫按钮、安全抓杆、婴儿座椅、可折叠的多功能台、人工造瘘冲洗池等多种卫生洁具和设备。卫生间的镜子向前倾斜15度，方便不同高度的使用者都能够看清楚，体现细节的人性化处理。

图 5-49
名古屋大学无障碍卫生间内各种洁具设备

图 5-50
无障碍卫生间内的人工造瘘清洗池、多功能台
等无障碍设备

图 5-51
名古屋大学校内亲子办公区

图 5-52
名古屋大学校内亲子办公区中的婴儿床

4. 人性化设计

日本无障碍的建设标准很多是强制性的规定，政策法规建设也非常完善。无障碍设计特别关心老年人、残障者以及妇女儿童等弱势群体。在名古屋大学就专门设有亲子办公空间，面向带孩子上班的教员。可以让教员在工作的同时，照顾到孩子，减少他们的后顾之忧。亲子办公区的设计注重视线的开阔，让家长可以随时看到孩子们的举动。设施在具备功能性之外，用孩子们喜欢的色彩和图案加以装饰，给孩子们创造一个放松和舒适的环境。

（三）提供多元化的支援服务

除了加强无障碍设施的硬件建设，名古屋大学在无障碍的软性服务上同样为残障学生提供了各种支援服务，值得借鉴。

首先通过第三方团队对残障学生进行专业评测，以此来决定是否需要进行支援；之后由学生的直接教员、后勤部门和残障学生三方在一起讨论、分析和决定支援方案，最终通过专门的服务团队对该学生进行支援。

1. 志愿者培训

志愿者在残障学生支援工作中扮演非常重要的角色，学校每年都会招募志愿者，并通过开展讲座的方式对他们进行培训，讲授一些支援服务过程中必需的实用技能，例如简单的手语等。同时，志愿者之间也开展小组工作讨论，以提升志愿者的服务能力。

2. 教员培训

学校会定期对负责相关工作的教员进行专项的无障碍培训，并根据教员的工作状况，借助专项会议或是网络渠道进行无障碍理念的引导。

3. 对留学生的支援服务

随着留学生数量的不断增多，针对留学生的个性化需求，名古屋大学的管理者也在对相关服务进行不断的改善和提升。校方会定期组织留学生召开研讨会，汇总学生的需求，并在随后的工作内容中加以调整。例如，学校从2015 年起在餐厅提供素食服务，并组织三场品鉴会，对素食菜单进行更新。通过细致的服务尽量满足留学生中不同宗教信仰和饮食习惯的多样化需求。

4. 面向 ASD 症状学生

近年来，高校中具有自闭症谱系障碍（ASD, Autism Spectrum Disorder）的学生数量不断增加。根据这类学生的行为习惯和日常表现，名古屋大学在管理和服务上提供适当的支援服务。例如，具有 ASD 症状的学生，在讨论问题时语言表达能力欠缺，不知道如何向他人清晰地表达出重要信息。学校会在征得学生本人允许后，以正式书面的方式告知教员，并要求教员将考试时间、考试范围等重要信息以书面形式通知学生本人。鉴于 ASD 学生不擅于时间管理，学校面向此类学生提供相关的网络管理软件，帮助其提高自我时间的管理能力。

三、总结

作为深度老龄化国家，面对不断增加的老龄人口和多样化的残障类型，日本的无障碍建设一直都走在亚洲前列。名古屋大学在实施日本政府相关强制规定的基础上，针对校园环境的特殊性，针对不同的群体和需求，不断完善相关的制度、设施和服务。无障碍建设不是一成不变的，而是随着时间的推移和需求的增加，在不断地更新、调整和完善，是一个动态的发展过程。无障碍建设永远在路上，无障碍校园建设也必须与时俱进。

无障碍小专栏五　无障碍电梯

众所周知，无障碍电梯是搭载人员上下楼层的竖向交通工具，是室内建成环境的重要组成部分，是高层住户的生活必需品。一位步履蹒跚的老人颤颤巍巍地进入电梯时，电梯内的安全抓杆可有效地协助老人支撑身体，减少用力，避免摔倒。一个不太起眼的安全抓杆竟能起到如此了不起的作用！也许你会好奇电梯里还有哪些意想不到的装备，下面给大家详细介绍一下无障碍电梯的内部设计。

图 5-53
无障碍电梯入口

1. 电子显示屏

乘梯人可在候梯时看到楼层显示及上下层指示符号。这种设计是为了方便乘梯人了解电梯的运行情况，尤其是听觉障碍人群无法听到电梯的语音报层提示。在乘梯人数达到电梯搭载上限且停层较多时，乘梯人可以观看电子显示屏提前做好出梯的准备，避免发生下错层等问题。

图 5-54
无障碍电梯的电子显示屏

2. 语音播报

语音播报最大的受益者当数视力不好的老年人或者视障人群。他们可通过楼层语音播报判断是否到达乘降层，并在人多时提前做好准备，避免错过应下楼层。

3. 盲文

在电梯内外按钮附近添加盲文可方便视障人群自行乘坐电梯，帮助他们走出家门融入社会。

图 5-55
无障碍电梯内按钮的盲文提示

图 5-56
无障碍电梯内的鱼眼反光镜

图 5-57
无障碍电梯内的安全抓杆

4. 镜子

很多人在进入电梯后都会照照镜子整理下发型和着装，然而这并非在电梯轿厢内设置镜子的初衷。电梯里设置镜子的真实目的是为了轮椅利用者在进入电梯后通过镜子的反射能够看清身后情况，在电梯内部回转空间不足的情况下，避免出现意外碰撞他人，安全倒退轮椅出梯。

5. 安全抓杆

电梯是建筑物内联系上下楼层的重要垂直交通工具，住宅用电梯的运行速度一般为 1.5 米／秒—2 米／秒，世界上已经运行的电梯中速度最快的甚至达到 18 米／秒。因此在电梯轿厢中设置安全抓杆有助于老年人和残障者在高速运行、加速减速的电梯中支撑站稳，减少摔倒的危险。

6. 高低位按钮

无障碍电梯内部会设置高低不同的操作盘和按钮，方便了不同使用者的需求，轮椅使用者可毫不费力地操控电梯，抵达目的楼层。

无障碍电梯的设计在方便残障和老年利用者的同时，也为所有人提供一个更加安全、方便和舒适的乘坐空间，是体现无障碍通用设计理念的重要实践成果。

图 5-58
无障碍电梯内的高低位按钮

第六章

清华大学校园无障碍环境建设探索

第一节 清华大学无障碍发展研究院 与校园无障碍建设

一、清华大学无障碍发展研究院

（一）顺应融合教育趋势，无障碍环境改造助力实现教育平等

清华大学无障碍发展研究院于 2016 年 4 月 23 日成立，属于清华大学自主批建的校级交叉学科与技术创新研究机构。由中国残疾人联合会联合国家相关部委支持发起，依托清华大学智库中心。

研究院以推动高质量包容性社会发展为根本理念，致力于为所有在行动、感知等方面存在不便的人群，即老残病幼孕以及有无障碍需求的其他社会成员提供便利。希望通过政策、设计、技术、产品、教育等方面的研究和成果转化，提升其生活质量，改善其生活环境，寻求社会发展的最大公约数。研究院坚持以人群需求为中心的基本策略，以创新为基本原则，将技术转化作为实现改善的重要途径，相信通过设计、服务与制度的创新，能为未来生活带来更好的平等、更大的多样与更充分的包容。

研究院的使命包括：支持与引导跨学科研究，包括建筑、规划、工业设计、机械制造、互联网、医疗与康复、社会学等领域的交叉创新；培养在相关领域开展研究和实践的专家与学者；统筹与对接政府、社会、市场等研究资源与支持力量；推动相关领域信息与成果在学术界、市场与公共领域的传播与共享。

通过跨学科、跨界属、跨领域、跨专业、跨部门的研究，建设无障碍领域的国家特色新型智库、世界一流的无障碍技术与工程交叉学科研究平台、无障碍人文理念的宣传推广平台。为政府、企业制定有效政策、标准和战略提供支持，立足于国情，做国际无障碍研究的领先者是研究院展望未来的美

好愿景。

（二）校园无障碍环境建设国际交流

清华大学无障碍发展研究院先后与日本东京大学、美国雪城大学、澳大利亚悉尼大学、丹麦哥本哈根大学、日本名古屋大学和东京艺术大学等诸多国外高等教育机关进行了无障碍相关课题的学术交流，积极促进无障碍研究领域的校际合作，以讲演、讲座、工作坊、参观访问等多种形式开展交流活动，共同加强无障碍以及适老适残等相关领域的探索和研究。

图 6-1　2017 年 4 月举办清华大学、东京大学无障碍发展学术研讨会

二、"包容与多样"无障碍发展国际学术大会

清华大学无障碍发展研究院先后于 2017 年 4 月举办了清华大学—东京大学无障碍发展学术研讨会，2018 年 10 月召开了"包容与多样"无障碍发展国际学术大会。研究院还积极参加、支持兄弟高校的无障碍环境建设工作，在中国残联副主席吕世明的组织下几次赴杭州为西湖大学校园无障碍环境建设出谋划策，贡献智慧。除此之外，研究院还组织相关人员独自完成了清华大学校园无障碍环境现状的初步调研工作，并作为顾问咨询团队先后参加了清华大学紫荆公寓卫生间无障碍改造、校内无障碍充电亭新建、清华大学图书馆卫生间无障碍改造以及三教、四教、六教等公共教室的无障碍改造计划等

多项校园无障碍环境改造的工作。在后面的一节里我们将对这些取得的成果进行精选介绍。

图 6-2
中国残联副主席吕世明组织清华大学、天津大学、浙江大学无障碍领域的专家赴杭州交流西湖大学新校园的无障碍设计

第二节　清华大学紫荆公寓卫生间无障碍改造

一、基本情况

紫荆学生公寓位于清华大学校园东北部，共有 23 栋 7—15 层高低错落的现代建筑，高层建筑设有电梯，占地 28.4 公顷，总建筑面积 35 万平方米，可容纳 22400 名学生，是校内规模最大的学生公寓区。校内残障学生及留学生宿舍被统一安排在紫荆公寓 20 号楼。改造前，紫荆公寓 20 号楼公共卫生间设备陈旧、通风换气不畅、下水经常堵塞，完全不适合残障学生使用。为了给残障学生创造更加便利的生活环境，学校主管部门决定对位于一层大厅入口附近的公共卫生间进行无障碍改造。

二、卫生间无障碍改造的特色

（一）建立系统化改造流程

1. 专家调研环节

学校主管部门对无障碍改造项目进行深入了解，提前组织策划，邀请无障碍发展研究院的专家早期介入，做好无障碍设计的咨询工作。学校主管部门与研究院的专家和施工单位相关人员反复深入研究探讨，共同商定无障碍改造的各种使用需求和实施方法。

2. 严把设计关

学校主管部门根据使用需求列出详细清单，要求在设计过程中必须严格遵守国家相关无障碍规范，落实无障碍专篇设计。在设计过程中结合项目具体情况设计方案几易其稿、优化提升，同时邀请相关专家就无障碍设计方案提出合理化建议，进一步完善设计方案。特别值得一提的是，紫荆公寓无障碍卫生间改造得到了中国残联副主席吕世明的亲自指导，避免了走很多弯路。

图 6-3
紫荆公寓无障碍卫生间以通用无障碍的包容理念服务多元群体

3. 加强施工环节的监督

在施工过程中，无障碍顾问和设计团队积极响应业主的要求，监督、督促施工者严格按照设计图面进行施工。项目竣工后还邀请残障者代表实地体验，提出改进意见。

（二）无障碍高标准、注重细节的设计

在满足国家相关规范的基础之上对标国际标准，注重无障碍改造细节设计，提供无障碍系统解决方案。

1. 无障碍卫生间室内空间设计

无障碍卫生间的室内面积达到 4.9 平方米，在满足了无障碍卫生间基本的功能要求之上，使用起来更方便、更舒适。

无障碍卫生间室内为轮椅使用者提供了充足的轮椅回转空间。在卫生器具的设置上充分考虑了轮椅使用者的需求，正面为洗手池，坐便器设在入口

右侧，节约了空间的同时符合卫生间的使用习惯，并且保证了使用时的隐私性，符合"进门—如厕—洗手—出门"的使用流线。在设计过程中还将使用者的安全因素以及易于清洁打扫等因素纳入设计环节，将无障碍卫生间墙面阳角部分打磨或使用包边材料形成安全圆角。此外使用了防滑地砖，在保证了安全的同时，也易于清扫和维护。

图 6-4
紫荆公寓无障碍卫生间入口空间

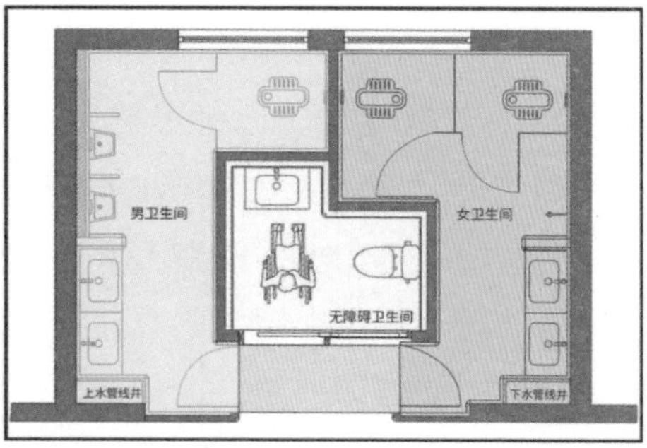

图 6-5
紫荆公寓无障碍卫生间改造室内平面图

2. 出入口、室外坡道的设计

紫荆公寓入口处存在坡道坡度不能满足无障碍规范的要求，扶手材质简陋、缺乏美感。考虑到乘坐轮椅残障学生的需求，出入口应简洁方便，避免复杂曲折流线以及出现高低差等问题，因此原有公寓入口门厅前的平台被利

图 6-6
紫荆公寓无障碍卫生间出入口第一段坡道

图 6-7
紫荆公寓无障碍卫生间出入口
第二段坡道及入口门厅

用作为无障碍坡道的休息平台。通过将坡道分两段进行设计，为轮椅使用者提供了可安全到达宿舍楼门厅入口、进入无障碍卫生间的路径，同时也不影响其他使用者通行出入正面门厅。

无障碍卫生间入口外的无障碍坡道设置了高低位双层扶手，采用了直径为 40 毫米、具有温暖感和抗菌性能的半硬树脂二层成型材料，无论在寒冷的冬季还是在骄阳似火的夏季，使用者都不会因扶手过于冰冷或烫手而感到无法使用。

图 6-8
紫荆公寓无障碍卫生间出入口坡道扶手

图 6-9
紫荆公寓无障碍卫生间改造室内通道及扶手

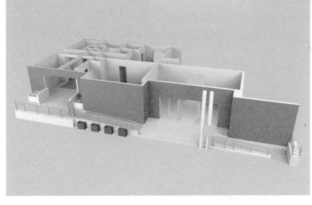

图 6-10
紫荆公寓无障碍卫生间改造透视图

3. 无障碍卫生间室内部品的无障碍设计

（1）扶手。

坐便器侧面 L 形扶手的水平抓杆高度为 700 毫米，坐便器不靠墙一侧设置了可上下翻转的大型水平扶手，满足了残障者的使用需求。

考虑到北方夏天炎热、冬天酷寒的天气状况，不宜使用夏热冬冷、导热率大的金属材料扶手。设计中采用了导热系数小的半硬树脂材料二层成型材料扶手，使用者不会受到极端天气影响而感到不适。

图 6-11
紫荆公寓无障碍卫生间室内扶手

图 6-12
紫荆公寓无障碍卫生间室内环境

（2）坐便器。

坐便器高度为400毫米，下方保留了一定的冗余空间，避免与轮椅置脚板发生碰撞。采用了椭圆形温水洗净式卫洗丽坐便，提高了使用者的舒适度。考虑到以残障者为主的使用需求，坐便器取消了翻盖，减少了操作流程，方便了残障者使用。

图 6-13
紫荆公寓无障碍卫生间坐便器

（3）蹲便器。

在男女卫生间内，按照学校建设规定，分别设置了蹲便器，蹲便器后方墙面设置了感应式的冲水按钮及紧急呼救按钮。为了对应长时间蹲坐如厕容易引起双腿发麻站立困难，在右侧的墙面上设置了辅助站立的倾斜抓杆扶手。

（4）小便器。

紫荆公寓男卫生间内的小便器，采用了符合人体工程学的凸出式小便

图 6-14
紫荆公寓卫生间蹲便器

器，设置了方便肢体残障者使用的栏杆扶手。设置在上部的横杆方便了肢体残障者、老年人如厕时需要倚靠系扣的需求。倚靠横杆选用了符合人体工程学向内略微弯曲的产品，增加了使用者的舒适度。其中一个小便器适当地降低了高度，低位小便器满足了包括儿童在内的不同使用者的需求。按照学校主管单位的要求，小便器悬空没有落地，以方便工作人员清洁打扫。小便器之间设置了陶瓷隔板，保证了使用者的隐私，陶瓷隔板易于清洁、经久耐用。

图 6-15
紫荆公寓无障碍卫生间小便器

图 6-16
小便器抓杆扶手及靠杆的模拟使用

图 6-17
紫荆公寓无障碍卫生间洗手盆

图 6-18
紫荆公寓男卫生间洗手台

图 6-19
紫荆公寓男卫生间落地镜

（5）洗手盆。

无障碍卫生间内的洗手盆的尺寸充分考虑了对卫生间无障碍空间的影响，避免阻碍轮椅的正常回转使用。无障碍卫生间的洗手盆的进深为450毫米，避免过深够不到水龙头，洗手盆下方留出了足够的容膝空间。洗手盆设有两侧扶手和倚靠横杆。洗手盆边缘与横向抓杆的距离以30—50毫米为宜，横向抓杆以高出洗手盆边缘20—30毫米为宜。此外，男女卫生间内均设有高低位洗手台，以满足不同使用者的需求。

（6）镜子。

洗手台背面的镜子在保证不反水的前提下，下端尽量靠近洗手台的台面安装，镜子采用了具有防水性能镀层的产品。在男女洗手间内还分别设置了大型落地镜，方便不同的使用需求。

（7）应急报警器。

在卫生间内需要改变姿势状态、容易跌倒的地方设置了不同高度的应急报警器按钮，使用者在遇到突发事件时可利用不同高度的紧急报警器按钮报警呼救。当紧急情况发生时，卫生间入口外侧的大型红色警报器灯会闪亮鸣笛示警。

图 6-20
紫荆公寓无障碍卫生间应急报警器

图 6-21
无障碍卫生间紧急报警器红色呼救按钮

（8）照明系统。

　　卫生间内采用了光线温暖柔和的光源，在保证足够亮度的同时，确保视觉障碍者可以正常使用。灯具开关操作盘设在出入口附近，识别性高，而且容易触到。开关的设置高度为 800—900 毫米，选用了具有夜光性能、尺寸较大的开关以方便使用。

图 6-22
紫荆公寓无障碍卫生间室内光线柔和

（9）出入口大门。

无障碍卫生间出入口大门采用了电动移门，通过室内外大型触压式按键操控门扇的开闭。入口的有效开口宽度为1米，采用了吊轨式设计，地面不设凹槽导轨，没有沟坎，最大限度地方便了轮椅使用者等各类人群的需求。各个卫生间的入口大门均设置了竖向采光条窗，覆以磨砂玻璃，既保证了利用者的隐私又兼具观察确认之功能，还在一定程度上保持了室内外空间感的连续，特别是给无障碍卫生间使用者提供了心理上的安全感。男女卫生间的门扇上还设有通风换气百叶，进一步改善了通风换气环境。

图 6-23
紫荆公寓无障碍卫生间电动推拉门大型操作按钮

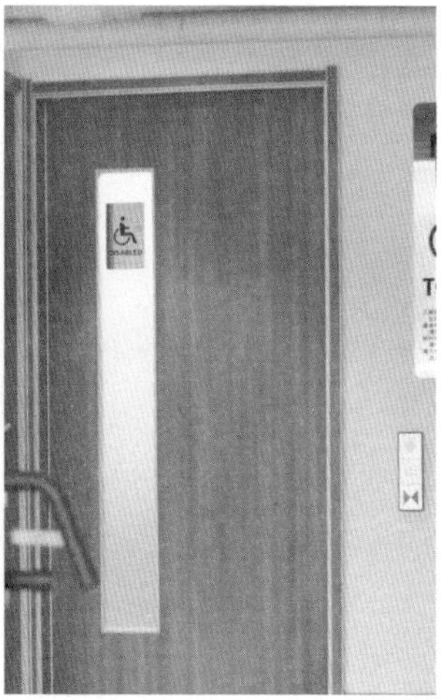

图 6-24
紫荆公寓无障碍卫生间出入口大门

（三）卫生间改造的技术创新亮点

虽然此次紫荆公寓卫生间无障碍改造时间短任务重，但项目团队仍然与业主单位紧密配合采用了一系列新技术。

1. 采用同层排水技术消除台阶落差

相对于传统的排水处理方式，同层排水方案降低了原有铺设标高，卫生器具排水管线在负标高内解决，不产生高差，卫生器具排水同层敷设接入立管排水。

2. 采用管道内负压除臭技术

管道内负压风机是利用空气对流、负压换气的原理，是一种从安装地点的对向（大门或窗户）自然吸入新鲜空气，将室内气体从管道内迅速强制排出室外的技术，换气效果可达90%—97%，解决了原有卫生间存在的换气不良、夏日闷热的问题。

3. 采用了无线报警技术

因卫生间所在建筑物已建成多年，如铺设传输线缆会增加很大的工程量，而且会影响宿舍楼正常使用，使用无线报警技术既可以解决增设传输电缆的问题又可满足实际需求。

三、总结

紫荆公寓卫生间无障碍改造项目是校内最早启动的无障碍改造项目，项目团队克服重重困难，利用系统化流程及技术创新手段，在各种限制条件下完成了对紫荆公寓20号楼公共卫生间的无障碍改造工作，给包括残障学生在内的使用者创造了方便、清洁的环境，起到了补短板、做示范的引领作用，推动了校园无障碍环境建设。

第三节　校园无障碍服务亭

校园无障碍服务亭位于紫荆学生公寓宿舍区附近，由于必须保证宿舍内安全、防止火灾发生，学校管理部门严禁在宿舍内对包括电动轮椅在内的电动车电池进行充电，而残障学生出行离不开电动轮椅，如何为轮椅提供安全的充电设备成为紧迫课题。

无障碍服务亭的建成从根本上解决了残障学生的电动轮椅充电问题，去除了因在宿舍内充电而可能引发火灾的安全隐患。此外无障碍服务亭内还计划设置自动售货机以及作为迷你展示空间丰富校园生活。无障碍服务亭的建筑风格延续了周围景观建筑小品亲切、自然、写意的风格，与周边景观绿地完美地融合为一体，为广大师生提供安全、便捷的服务。

表 6-1　无障碍服务亭多样化服务示意

停留时间	行为需求	解决方案
短暂停留 （小于 5 分钟）	迷路	提供电子地图触摸查询屏 （可增设校园无障碍地图）
	口渴 / 饥饿	提供自动售卖机
	下雨	提供雨伞
较长停留 （5—30 分钟）	走累	提供休息座椅
	避暑 / 取暖 / 躲雨	提供空调
	等人 / 等车 会感到无聊	提供丰富的活动
		各种装置
长期停留 （30 分钟—2 小时）	小组讨论会	提供灵活可变的活动空间
	社团活动	
	排练节目	
	英语角	

图 6-25
无障碍服务亭方案鸟瞰图

图 6-26
无障碍服务亭方案透视图

图 6-27
无障碍服务亭内部空间和
充电设备

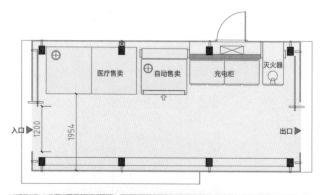

图 6-28
无障碍服务亭平面图

图 6-29
无障碍服务亭入口缓坡设计

图 6-30
结合地形地势,融于周围环境的无障碍服务亭设计

第四节　清华大学图书馆（西馆）
卫生间无障碍改造

一、基本情况

清华大学图书馆有着悠久的历史，始于1911年的清华学堂，最初名为清华学校图书室，其后又几次改名，最终于1949年确定为清华大学图书馆。

进入上世纪90年代，清华大学图书馆进入迅速发展的阶段。1991年，西馆（逸夫馆）由香港邵逸夫先生捐资和国家教委拨款修建而成，随后又相继修建了人文图书馆、经管图书馆、法律图书馆、建筑图书馆、美术图书馆、金融图书馆等专业图书馆。

为了改善学校图书馆西馆卫生间使用不便，特别是夏季味道大，影响馆内正常使用等问题，学校和图书馆相关部门决定对图书馆西馆内的卫生间进行彻底改造，在改造的同时满足卫生间的无障碍需求。

二、图书馆卫生间无障碍改造特色

清华大学图书馆（西馆）卫生间在无障碍改造过程中邀请了清华大学无障碍发展研究院作为无障碍专业咨询团队参与了设计方案等重要技术改造环节，同时借鉴紫荆公寓卫生间改造经验，结合图书馆自身的特点成功地进行了改造。因受空间的限制，图书馆不具备每层都设置无障碍卫生间的条件，经过反复讨论、斟酌酝酿，最后决定只在底层新建一个独立无障碍卫生间，借助直行电梯满足少量轮椅使用者的需求。其他楼层不单独设置无障碍卫生间，而是在现有男女卫生间内改造出一个无障碍厕位，方便轮椅使用者以外的残障者或老年人等使用。

图 6-31
清华大学图书馆（西馆）
无障碍卫生间室内

图 6-32
图书馆（西馆）无障碍卫生间坐便器及卫
洗丽设备

图 6-33
图书馆（西馆）无障碍卫生间的室内照明

图 6-34
图书馆（西馆）男卫生间改造

图 6-35
图书馆（西馆）无障碍卫生间入口

三、总结

清华大学图书馆西馆卫生间无障碍改造项目历时 3 个月，共改造了 10 个普通卫生间，新建了 1 个无障碍卫生间，达到了去除异味和消除物质环境障碍等目的，将卫生间打造成与图书馆温馨的学习环境相匹配，并且考虑到残障师生和老年人使用，清洁、卫生的场所，是校园无障碍改造的又一成功案例。

第五节　清华大学苏世民书院：校园物质空间无障碍的典范

一、基本情况

清华大学苏世民书院位于清华大学校园中心位置，由黑石集团联合创始人、主席兼首席执行官苏世民先生等慷慨捐款，用于支持清华大学建设苏世民书院和创办全球学者项目，并为此发起筹款设立永久基金。苏世民书院由美国耶鲁大学建筑学院院长罗伯特·斯特恩（Robert Stern）教授设计，建筑面积 24000 平方米，采用合院式布局，书院秉承"立足中国，面向世界"的原则，面向全球选拔人才，提供国内外顶尖师资力量，以此培养具有宽广的国际视野、优秀综合素质和卓越领导能力，并了解中国社会、理解中国文化，有志于为促进人类文明与进步、世界和平与发展贡献聪明才智的未来领袖。

二、苏世民书院无障碍环境特色

（一）室外环境无障碍可达

苏世民书院是从东至西依次围合出内、外庭院，庭院内设有广场和绿地，静谧雅致，通行顺畅，为学生提供了集授课学习、阅读小组讨论和休憩于一体的良好环境。书院外院入口广场采用 U 字形半封闭的构图设计，形成安静、内敛、高效的室外空间，并与校内主要交通干道自然衔接。

图 6-36
清华大学苏世民书院透视图

图 6-37
苏世民书院内部庭院

图 6-38
苏世民书院外院入口广场

（二）书院外部、内部空间环境无障碍

进入书院最先映入眼帘的是接待台，低位接待台的设计方便轮椅使用者与前台工作人员进行面对面的交流，充分体现了苏世民书院对残障群体的尊重以及充满包容融合理念的使命和愿景。

图 6-39
设置了低位服务台的苏世民书院入口门厅设计

书院的达理礼堂照明均匀、宽敞明亮，讲台与座席之间以及礼堂后部可以容纳多名轮椅使用者使用，并设有无障碍通道，方便轮椅的通行。礼堂内可设辅助投影幕布，提供字幕服务，满足听障人群的需求。

书院卫生间内设有无障碍厕位，标识清晰，门宽达标，方便轮椅使用者的自由出入。无障碍厕位内回转空间大，并配有安全抓杆。卫生间内洗手台专门设置了容膝空间的无障碍洗手盆，方便轮椅使用者利用。

图 6-40
苏世民书院礼堂的无障碍坡道

图 6-41
苏世民书院无障碍厕位入口

图 6-42
苏世民书院无障碍厕位内部

图 6-43
苏世民书院卫生间洗手台及无障碍洗手盆

图 6-44
苏世民书院无障碍卫生间洗手盆细部

此外，电梯内设有安全抓杆、盲文按钮及语音提示器，适合各类残障人群使用。

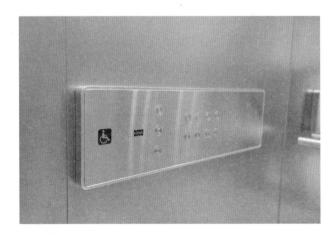

图 6-45
苏世民书院无障碍电梯操作盘细部

图 6-46
苏世民书院内楼梯间的双层扶手设计

图 6-47
苏世民书院通往楼梯间防火门的按压式门把手设计

（三）率先实现包容融合的校园无障碍环境

苏世民书院积极支持中国残联和清华大学无障碍发展研究院对残障群体无障碍人才的培养，鼓励残障人士用知识武装自己。书院为中国残联和清华大学无障碍发展研究院举办的"无障碍通用设计研修营"开幕式提供达理礼堂作为会场，率先实现了通用无障碍的外部、内部空间物质无障碍环境，表达了对残疾人事业的支持和对研修营残障小伙伴们的尊重。通过对"无障碍通用设计研修营"的支持，积极推动包容与融合的校园无障碍环境的建设。

图 6-48
苏世民书院内庭院入口

图 6-49
苏世民书院达理礼堂以及灵活
宽裕的无障碍轮椅席位

图 6-50
苏世民书院阶梯教室后部的无
障碍通道

三、结语

　　清华大学苏世民书院是清华大学校内包容程度最强、国际化程度最高、人文关怀理念最浓厚的院系之一。室内外空间安全可达并满足物质环境无障碍的畅行条件，充分诠释了通用无障碍理念的精髓，是国内校园无障碍环境建设的典范。

无障碍小专栏六　导盲犬进校园

2016 年 5 月，清华大学迎来了几位特殊的访客，他们是来自河南的盲人朋友以及他们的小伙伴——导盲犬。盲人朋友们在清华师生的协助下，用他们自身的方式走进大学校园，感知清华园。

图 6-51　"导盲犬进校园"活动合影

通过举办这次活动，让很多同学受益良多。耿丹同学这样写道："第一次零距离接触导盲犬，真的被它们的温顺、聪明和忠实打动了。而更加触动我的却是另外两点。首先，盲人朋友生活之不便远远超过我的想象，或者更准确地说，以前根本没有设身处地考虑过他们的处境。其次，导盲犬志愿者们开展工作所遇到的阻力竟如此之大。残障人士在社会中处于极度弱势的地位，需要我们更多的关注与支持。而对于那些心存大爱，致力帮助残障人士的志愿者们，社会应给予更多的支持与鼓励，不让他们单凭一己之力而举步维艰。很荣幸能够加入无障碍发展协会的志愿者团体，我相信，大家的努力与爱心会给予残障朋友们更多的温暖与色彩。"

希望有一天，行动不便的人们能够和肢体健全的人们一起平等自由地生活和学习，能够一起感受这个世界的美好和善意。

什么是导盲犬？

导盲犬是帮助视觉障碍者正常行走、训练有素的工作犬和伴侣犬，能够帮助他们实现独立的正常生活，与健全人共同参与社会活动，是视觉障碍者失而复得的"眼睛"。国际通用的导盲犬犬种主要是拉不拉多猎犬和金毛猎犬，它们温顺、聪明、安全、稳定、体型适中、无攻击人的倾向。训练合格后的导盲犬能够快速且安全地引领主人躲避障碍物出行。导盲犬根据指令能够完成动作及寻找目的地，可以记住 30 个以上的口令。

图 6-52　盲人朋友由导盲犬陪伴参观校园

第七章
校园无障碍环境建设的路径、课题与展望

第一节　宪法、教育法保障所有公民
享有平等接受教育的权利

《中华人民共和国宪法》和《中华人民共和国教育法》是校园无障碍环境建设的坚强后盾和根本保证。《中华人民共和国宪法》是国家的根本大法，其规定拥有最高法律效力。《中华人民共和国宪法》第三十三条规定中华人民共和国公民在法律面前一律平等；第四十五条规定国家和社会帮助安排盲、聋、哑和其他有残疾的公民的劳动、生活和教育；第四十六条规定中华人民共和国公民有受教育的权利和义务。《中华人民共和国教育法》是中国教育工作的根本法。《中华人民共和国教育法》第九条规定中华人民共和国公民有受教育的权利和义务，依法享有平等的受教育机会；第十条规定国家扶持和发展残疾人教育事业；第三十七条规定受教育者在入学、升学、就业等方面依法享有平等权利；第三十九条规定国家、社会、学校及其他教育机构应当根据残疾人身心特性和需要实施教育，并为其提供帮助和便利。此外，联合国《残疾人权利公约》第二十四条"教育"规定了缔约国确认残疾人享有受教育的权利。为了在不受歧视和机会均等的情况下实现这一权利，缔约国应当确保在各级教育实行包容性教育制度和终生学习。

校园无障碍环境实现与否直接关系到我国宪法和教育法中规定的公民依法享有平等的受教育机会的基本精神能否得到贯彻，关系到包括残障人在内的弱势群体接受教育的权利和义务是否能够切实得到保障。

第二节　国家相关法律法规保证了
无障碍环境建设落地实施

《无障碍环境建设条例》以及《无障碍设计规范》等无障碍领域的政策性文献及工程建设类技术标准是实现我国校园无障碍环境建设工作的基础和保障。在《无障碍环境建设条例》和《中华人民共和国老年人权益保障法》颁布之后，国务院及相关部委陆续颁布了《住房城乡建设部等部门关于加强养老服务设施规划建设工作的通知》（建标〔2014〕23号）、《关于推进老年宜居环境建设的指导意见》等各种相关重要文件，并出台了以《无障碍设计规范》为核心的一系列无障碍领域的工程建设类国家标准、行业标准、地方标准、标准设计图集、技术导则和建设指南。从技术层面有力地支持、促进和保障了无障碍环境建设工作的落地和实施，对适老适残的无障碍环境的发展起到了积极的指导和推动作用。今后仍需在政府主导下加强各种无障碍立法，加强相关法律规范和标准的统一与融合，加强建设全过程的监管体制，切实保障弱势群体受教育的权利。

《通用无障碍发展北京宣言》认为确立通用无障碍发展的范式至关重要，《宣言》指出：在定义和实施通用无障碍发展的过程中，政策、立法以及从规划、融资、建设、运行、治理的各个环节在系统化衔接、同步化实施等方面的不足，是导致通用无障碍的设施与服务效率低下的关键原因，必须重新反思与认识通用无障碍的发展范式对人居环境建设与社会服务产生的根本性影响，确立以法律为准绳、以用户为中心、以实际需求为基础、以无障碍愿景为导向、以无障碍系统规划为框架、以无障碍要素统筹为方法、以行动计划为保障的发展范式。

第三节　校园无障碍环境建设的
特点、课题和新发展

一、我国校园无障碍的发展历程

　　从上世纪 80 年代中期至今，我国的无障碍设施环境建设在 30 多年的时间里经历了从无到有、从少到多、从小到大、从首都到地方、从大型活动到社区普及，逐步深入、循序渐进的发展历程，取得了长足的进步。校园的无障碍环境建设与城市无障碍的发展同步而行，也取得了一定的成就。特别是近年来随着许多高校逐渐开始接纳更多的残障学生入学，校园无障碍的现实需求促使校园无障碍设备、设施的建设更上一个台阶。此外，随着融合教育的进步，许多设有特殊教育专业的大学更是对应残障学生的需求，积极完善校园内的各种无障碍设施，保障残障学生的多种需求。

　　此外，随着老龄化社会的到来，校园内的老年教师对无障碍设施的需求也愈加强烈，尤其是校内一些老旧建筑缺乏最基本的无障碍设施，容易发生老年人摔倒摔伤的意外事故，经验和教训倒逼相关部门开始重视校内无障碍设施的建设，保障利用者的安全。以 2008 年举办奥运会、残奥会为契机，符合国际奥委会、残奥会相关规定的残奥会无障碍指南的实施对提高北京市的无障碍环境起了重要促进作用，特别是学校内的各种比赛场馆的建设直接促进了建筑和周边无障碍环境的提升，而之后一系列符合国际奥运、残奥精神和相关无障碍指南的各种大型赛事在全国的举办，更是发挥了大型国际活动、大型体育赛事以及重点项目的示范引领作用，进一步推动了包括校园无障碍在内的各地无障碍环境建设工作。我们说校园无障碍建设不是可有可无的小事，是因为它关乎包括残障学生和残障教职工以及老年在职和退休职工等校内各种需要群体的基本权利。从上世纪 80 年代至今的 40 年间，我国无障碍环境建设取得了有目共睹的进步。在国家层面形成的一系列法律法规和技术标准的支撑下，通过奥运、奥残等一批重点项目作为示范表率，有力地推动了举办城市的无障碍环境建设水平。

伴随着老龄化的急遽进展以及人口构成的快速改变，国家对计划生育和养老政策进行了大幅调整，居家养老以及适老适残的家庭及社区无障碍环境改造深入街道和家庭，从整体上提高了城市整体的无障碍水平。大学校园的无障碍环境建设也伴随着社会大环境的进步而有了长足的发展。此外，随着残障者接受各种教育和训练的环境日益改善，接受教育的程度和水准也越来越高，许多高校认真贯彻宪法的精神和教育法的规定，开始逐渐接纳更多的残障者入校接受高等教育，让残障者走进校园。走进最高学府的残障者对无障碍环境和设施的需求非常迫切，而校园内既有无障碍环境和设施也急需改善。譬如为了满足残障学生对出行、上课、如厕等合理需求，清华大学各部门对校内的部分公共卫生间进行了无障碍改造，还新建了为残障学生使用的电动轮椅蓄电池进行充电的多功能无障碍服务亭。在公共教室的改造过程中有关部门积极与清华大学无障碍发展研究院沟通互动，共同商讨教室改造中的无障碍需求，努力提高校园内公共设施的无障碍水平。

校园内老旧建筑始终是无障碍改造的难点。而在我国今天的校园当中，特别是很多老校、名校的老旧建筑仍然占据了很大比例，如何对其进行改造经常成为设计人员的困惑与困扰。毫无疑问老旧建筑改造原则上应该满足现行规范的要求，但是现实条件的各种制约往往使得合乎规范、条例的无障碍改造变得非常困难。我们认为现在急需在法律层面对老旧建筑的无障碍改造标准由相关专家进行科学的论证，考虑在保证安全的前提下适当降低老旧建筑无障碍改造的门槛。

对校园内老旧建筑的改造应该把以人为本放在首位，以便捷适用为主要目标，努力满足师生的各种使用需求，不追求奢侈、复杂和过高的标准，而要注重使用效果。在不能满足相关规范对无障碍的规定时，是选择放弃改造还是在保证安全和进行充分提示的前提下进行局部和"有弹性的"改造并不是一件容易决断之事。无障碍设施的建设从本质上来说是为残障人、老年人等弱势群体服务的，如果我们不充分考虑实际情况，仅仅以不能满足设计规范要求就一刀切地加以拒绝，那么这种"回避"是否真正有益于实现一个公平公正的无障碍环境呢？新建建筑必须毫无条件地满足无障碍相关设计规范的要求，没有任何妥协的余地。老旧建筑改造中所谓的"弹性"设计也绝不可滥用，它不仅需要设计者，更需要工程的业主和未来的设施管理者共同决策形成长期稳定的保障机制，缺一不可。譬如老旧建筑改造中由于客观条件的限制无法设置符合规范的永久坡道的情况，我们认为如果设有明显的警告和提示，而且有设施的管理人员辅助保证安全的前提下，完全可以在举办活动时设置临时坡道以保障轮椅行进。

二、校园无障碍环境建设的课题

必须充分认识到我国的无障碍环境建设仍处于较低水平，无障碍环境建设的发展水平在不同地方、不同城市的发展也不均衡。通过举办奥运会、残运会等大型活动显著提高了无障碍水准的大城市与由于认识以及资金等各方面的原因原地踏步的地方城市之间形成了较大反差。如果对标国外无障碍先进国家，则有着更大的差距。此外，特别应该加强无障碍环境建设全过程的监管，补齐运营、维护方面的短板。

2019 年"两会"期间，第十三届全国人大代表、中国残联副主席吕世明表示，我国无障碍环境建设快速发展、成效显著，但仍存在着管理缺失、设计标准难以落实、施工质量不达标等问题。因此建议国家有关部门尽快制定行业无障碍专项评审审查认证认可机制，避免无障碍设施的缺位，先建后拆或者鲜有人使用或形同虚设。我国的校园无障碍环境建设同样不同程度地存在着上述问题，必须安排相应的制度建设，严格执行国家相关规范、标准和制定罚则，对违反国家无障碍相关法律规定的建筑必须限期改正，对拒不改正的必须按照零容忍的原则，依照相关法律规定严惩严罚。

第四节　无障碍建设全国联动：全国无障碍机构圆桌会议

《通用无障碍发展北京宣言》中指出：在不同层面、不同区域、不同环节提升通用无障碍的水平，需要包括政府、企业、社会组织在内的多方利益主体的充分参与与合作，确保在行动过程中，有充分的立法保障，有对行动主体的适当赋能，及时地监督、检查、评估与权衡……我们在遵守相关政策和法律的前提下，应当加强合作和交流，分享知识和经验，突破行业、领域等带来的壁垒，因为通用无障碍是所有人的福祉，所以需要所有人的积极投入。

作为《通用无障碍发展北京宣言》的具体实践，为了更好地联合社会各界力量共同推动全国无障碍环境的建设，以全国各相关高校和科研机构为核心，于 2018 年 10 月 14 日在全国无障碍建设专家委员会指导下，由中国残联无障碍环境建设推进办公室主办，清华大学无障碍发展研究院承办的全国无障碍机构第一次联席会议暨 2018 融合发展圆桌会议（后改为"全国无障碍机构圆桌会议"）在清华大学隆重举行。中国残联副主席、中国残联无障碍环境建设推进办公室主任、清华大学无障碍发展研究院管委会主任吕世明，住房城乡建设部标准定额司副司长韩爱兴，工业和信息化部信息通信管理局副局长隋静等出席了会议。

清华大学无障碍发展研究院执行院长、全国无障碍专家委员会专家邵磊主持会议。来自高校机构、科研机构、协会组织、文化机构的百余位专家参会并开展高端论坛，共商无障碍事业的发展规划，引发社会广泛的反响与关注，会议发表的《通用无障碍发展北京宣言》，阐明了无障碍环境建设的中国方案，对推进社会无障碍环境建设、促进无障碍事业发展、扩大国际交流和正向影响力等方面发挥了重要的作用。会议倡导"共商共推、共融共享、共赢共行"理念，旨在加强各高校、各无障碍机构间的融合发展，高端谋划、积极探索、强力推进我国无障碍环境建设和公益事业发展，为创造更加幸福美好的新生活、彰显无障碍人文关怀与价值做出贡献。

来自清华大学、同济大学、浙江大学、中国建筑标准设计研究院等 11 家高等学校和无障碍机构的代表进行了工作成果展示，共同探讨促进无障碍事业进一步发展的大计。会议还特设了"无障·爱卓越奖"的颁奖环节，由"福建自强助残助学基金会"向马国馨、周文麟、吕小泉、祝长康四位在无障碍领域取得特殊贡献的专家授奖，向中国无障碍的先行者致敬，为中国无障碍事业加油。

中国残联副主席吕世明在发言中指出，党的十八大以来，党中央、国务院高度重视无障碍环境建设，做出一系列重大战略部署，我国无障碍环境建设取得了显著成就。目前全国高校、科研、行业、企业和社会组织相继成立的无障碍机构已经达到近百家，为推进全社会无障碍环境建设发挥了极为重要的作用。举办全国无障碍研究机构首次联席会议，大家共同谋划无障碍事业的大计，一起为了中华民族的伟大复兴，为了全面建成小康社会，为了把无障碍载入史册而拼搏努力，砥砺前行！吕世明副主席认为此次会议表达了全社会对无障碍事业的高度认同、重视、参与，彰显了社会大爱。今后将继续大力推动无障碍、引领无障碍，让包括各高校在内的每一个成员从无障碍事业的顶层设计到落地实施都感受到社会的暖心支持，感受到无障碍给残疾人士带来的便利。他说：一代接着一代干，我相信未来会更加美好！

为聚合全国无障碍机构力量，培育机构人才队伍，发挥机构专业优势，统筹社会力量和智力资源，助力 2022 北京冬奥赛事，由中国残联无障碍环境建设推进办公室指导，天津大学主办，天津市残联、清华大学无障碍发展研究院协办，天津大学建筑学院、建筑学院无障碍设计研究所及天津大学建筑设计规划研究总院、城市规划设计研究院承办的"全国无障碍机构第二次圆桌会议"暨"2019 人文设计·融合教育·共享发展"会议于 2019 年 3 月 27 日在天津大学召开，共有来自全国高校、科研机构、行业、企业、社会组织和团体的数十家单位参加了会议。本届会议以"人文设计·融合教育·共享发展"为主题，努力将以全国相关高校和科研机构为核心的无障碍组织和团体凝聚在一起，共同探讨无障碍发展的课题。会议由天津大学无障碍通用研

图 7-1
清华大学无障碍发展研究院执行院长邵磊主持了 2018 年 10 月 14 日召开的全国无障碍机构第一届圆桌会议

图 7-2
"福建自强助残助学基金会"向马国馨、周文麟、吕小泉、祝长康四位在无障碍领域取得特殊贡献的专家授奖

图 7-3
中国残联副主席吕世明在会议上做总结发言

究中心王小荣教授主持，中国残联副主席吕世明、天津大学党委书记李家俊出席会议并做了重要发言。清华大学无障碍发展研究院的代表做了"国外高校的无障碍校园建设和基于'通用无障碍发展北京宣言'理念的清华大学校园无障碍探索"的主题报告，介绍了国外高校无障碍环境建设的新发展和清华大学校园无障碍改造的实践和探索。

全国无障碍机构第二次圆桌会议再次确认了高校、科研机构和社会组织等全国无障碍机构在中国残联指导下以"共商共推、共融共享、共赢共行"的理念，协同发展的路径，提出重视在高校特别是建筑师、规划师的摇篮——建筑规划院系内率先导入无障碍通识教育和专业课程的重要性。会上，天津大学无障碍通用设计研究中心作为学校无障碍教育的先行者，以无障碍通识教学模拟课和研究发表等方式展示了推动"无障碍进课堂"令人鼓舞的成果。

此外，清华大学无障碍发展研究院、天津大学无障碍通用设计研究中心等20家全国无障碍机构联合向社会公开发出了《无障碍发展天津倡约》。《倡约》指出，践行习近平总书记以"人民为中心"的发展思想，全面宣传无障碍理念，普及无障碍知识，彰显无障碍情怀，培育自觉意识和自愿行为。无障碍环境建设是新时代赋予建筑师和规划师的重要命题之一，是检验规划师和建筑师社会价值和公益美德的加油器和试金石。《倡约》号召全国的建筑师和规划师要用心用情，率先垂范，坚决把好无障碍规划设计先行关，满足广泛需求。要坚持通用无障碍设计的基本原则，信守准则，以更加人性化的创意、更高水准的设计质量，促进无障碍设计环境整体优化。以全国无障碍机构为平台载体，释放智慧能量，营造人文环境，造福社会大众。

图 7-4　天津大学成功举办"全国无障碍机构第二次圆桌会议"

图 7-5　中国残联副主席吕世明和天津大学党委书记李家俊出席"全国无障碍机构第二次圆桌会议"并为"天津大学无障碍通用研究中心"揭牌

第五节　校园无障碍环境建设的
发展策略和基本原则

　　加快校园无障碍环境建设首先要做好顶层设计，学校的主要负责人对无障碍的理念要有充分的理解和认识。明确每个人的生命周期中都会面临行动和感知的障碍，无障碍并非只服务于残障人，而是面对包括老年人、妇婴孕伤在内的整个社会，一个好的无障碍环境或设施不仅对残障者来说必不可少，对于正常人的使用也更加方便，更加人性化。我们认为现阶段加快无障碍环境建设的发展应该特别注意：

　　（1）增强全社会特别是学校领导积极应对校园无障碍和人口老龄化的思想意识，加强校园无障碍建设的顶层设计，主动自觉地建设一个与国际接轨、符合中国国情、包容共享的无障碍校园环境。

　　（2）推动校园无障碍环境建设要关注校内使用人群的迫切需求，以问题和实际需求作为导向，在认真调查研究残障学生、老年教师和来访残障人员的需求基础之上，设立专门部署统一协调校内各部门，通过量化目标、细化标准、明晰职责分工、深化研发等手段，对无障碍的设计、施工、管理和服务进行系统管理。

　　（3）贯彻"通用无障碍"的理念，统筹考虑适老、适残以及满足妇婴等群体不同的无障碍需求，将"通用无障碍"作为提升我国无障碍建设水平的最大公约数，促进各个城市的校园无障碍建设均衡发展。

　　（4）校园无障碍设施的新建和改造要区别对待、综合考虑。对于校内新建工程要严格管理，必须按照国家无障碍相关规范标准进行设计和建设。对于老旧建筑的改造，要以师生和教学的实际需求为目标，在不违反法律法规、保证安全的范围内因地制宜，灵活掌握，有序展开。

　　（5）应该把乡村无障碍纳入无障碍环境建设的范围，探讨乡村无障碍环境建设的特点，加快、加强乡村学校无障碍基本设施的建设，缩小城乡间无障碍环境建设的差距。

校园无障碍环境建设应该坚持学校主导、残联推动、部门落实实施的原则，形成部门提出需求，专业机构提出解决方案，学校统一领导，中国残联和地方残联等人民团体积极协助推动的校园无障碍环境建设的崭新局面。众所周知，中国残联在我国无障碍环境建设的历程中始终站在最前列，矢志不渝地大力推动，起着不可替代的作用。中国残联也十分关心我国校园无障碍环境的建设，清华大学与中国残联共同发起设立的清华大学无障碍发展研究院，积极推动包括校园无障碍在内的各项无障碍相关领域的研究以及取得的丰硕成果就是有力的证明。

第六节　校园无障碍环境建设展望

党的十九大召开以来，党中央和国务院有关领导十分重视无障碍环境建设，做出各项指示、批示，进一步加强、加快无障碍环境建设。依靠我国强大的体制机制保障，依靠社会经济发展和技术进步，随着全民对通用无障碍理念的进一步理解，我国的无障碍环境建设一定会形成更加科学、更加完善的长效机制，取得令人瞩目的飞跃，展现前所未有的辉煌局面。

无障碍环境建设发展的核心是随着我国经济、物质、文明建设的飞跃，人民群众以及各级政府对以人为本的无障碍环境建设意识的提高，以及在技术领域硬件设施、软体服务和信息无障碍等方面的投入与完善。校园无障碍作为我国无障碍环境建设的重要组成部分，同时肩负着普及无障碍通识教育的重大使命。一个出行顺畅安全、生活方便舒适、学习开心快乐的人文无障碍校园环境必将推动我国整体无障碍环境建设水平走向更高的层次，培育出千百万普及和践行无障碍环境建设的宣传者和志愿者。

中国残联副主席吕世明在北京市建筑设计研究院无障碍学术论坛上的一

图 7-6　中国残联副主席吕世明和清华大学副校长吉俊民共同视察、指导清华大学校园无障碍环境建设

段讲话，就是对校园无障碍环境建设未来美好展望的最好诠释："无障碍环境建设关乎 3 亿残障人士与老年人，惠及全体公民，大家需要清醒地认识到无障碍环境建设的重要性和必须性。无障碍环境建设是社会建设的永恒主题，是社会文明进步显著标志，也是全面建成小康社会的必然要求。我们今天的努力在未来的无障碍历史长河中必将勾画出浓墨重彩的一笔，留下无障碍永恒的记忆。让我们迎接、拥抱无障碍的新时代，融合无障碍生活，共享无障碍社会。"

无障碍小专栏七　无障·爱阳光天使儿童团

无障碍，从娃娃抓起，收益是明显的。教育家陈鹤琴先生说过，儿童教育是一切教育的基础。儿童，是社会文化的继承者与创造者。

当下的大千世界，在儿童眼中是什么样？未来的成长过程中，他们又将如何参与、创造与共享？

成人对此是期待的，相信这个世界会因为这些儿童而更加美好。

"无障·爱阳光天使儿童团"是清华大学无障碍发展研究院发起的一个探索性的项目，主要是通过趣味性的讲授、体验式互动等方式，对儿童进行人文启蒙，培养建立平等与包容的意识，树立对人不歧视、不排挤的观念，引导儿童的行为和品格发展，未来更好地为社会服务。另外，也希望通过对孩子的教育来影响大人的意识，而大人的观念和行为的转变，也会对孩子起到

图 7-7　"无障·爱阳光天使儿童团"合影

更好的言传身教的效果。

　　这是一项非常重要的投资。

　　"无障·爱阳光天使儿童团"其中一期活动是向45名幼儿园小朋友分享一堂"导盲犬的一生"。孩子们在课堂上非常踊跃，踊跃到差点"失控"，争相提问或发表观点，"导盲犬什么时候生宝宝""我家的乌龟跟导盲犬一样厉害"……一周之后，其中一位小朋友将自己卖旧玩具收入的64元捐赠给了大连导盲犬训练基地。还有一位小朋友在参加完一期轮椅模特走秀活动之后，在幼儿园组织的朗诵活动中，原创了一句："长大后，我要成为一名服装设计师，让所有的残疾人都穿上最漂亮的衣服。"

　　这项投资的收益，是明显的。

图 7-8
无障·爱阳光小天使抢答问题

图 7-9
无障·爱阳光小天使与轮椅模特合影

参考文献

［1］中华人民共和国全国人民代表大会制定,《中华人民共和国宪法》.

［2］中华人民共和国全国人民代表大会制定,《中华人民共和国教育法》.

［3］中华人民共和国国务院制定,《无障碍环境建设条例》.

［4］中华人民共和国住房和城乡建设部制定,《无障碍设计规范》（GB50763-2012）.

［5］中国残疾人联合会 2017 年中国残疾人事业发展统计公报［残联发(2018)24 号］http://www.cdpf.org.cn/zcwj/zxwj/201804/t20180426_625574.shtml.

［6］中国残疾人联合会关于使用 2010 年末全国残疾人总数及各类、不同残疾等级人数的通知 残联〔2012〕25 号 http://www.cdpf.org.cn/zcwj/zxwj/201203/t20120312_38275.shtml.

［7］中华人民共和国中央人民政府七部门关于印发《第二期特殊教育提升计划（2017—2020 年）》的通知 http://www.gov.cn/xinwen/2017-07/28/content_5214071.htm.

［8］高桥仪平.无障碍建筑设计手册［M］.陶新中，译.北京：中国建筑工业出版社，2003.

［9］王小荣.无障碍设计［M］.北京：中国建筑工业出版社，2011.

［10］刘连新，蒋宁山.城镇无障碍设计［M］.北京：中国建材工业出版社，2004.

［11］日本熊本县"关于老年人、残障者的日常生活的意识调查"（1999年）.

［12］Accessibility for Ontarians with Disabilities Act，2005，Ontario Regulation 191/11，Integrated Accessibility Standards.

［13］City of Toronto Accessibility Design Guidelines，Diversity Management and Community Engagement，City of Toronto.

［14］Framework Plan for Barrier-free Design and Sign System，Osaka University http://www.osaka-u.ac.jp/en/oumode/campus_plan/accessibility.

［15］John Clarkson，Roger Coleman，Simeon Keates，Cherie Lebbon，Inclusive Design: design for the whole population，Springer 2003.

［16］Nagoya University Campus Universal Design Guideline 2015，国立大学法人名古屋大学.

［17］United Nations Convention on the Rights of Persons with Disabilities（CRPD）.

［18］Universal Design Architectural Guideline of Kumamoto Prefecture, Japan

［19］https://www.queensu.ca/accessibility/.

［20］www.toronto.ca/diversity/accessibilityplan2003.

［21］Website of the Health and Counseling Center, Osaka University, https://hacc.osaka-u.ac.jp/ja/.

［22］Mitsuo Nakamura & Tetsuo Akiyama, Transport Policy for the Mobility-Hndicapped in Europe and America, Comprehensive Urban Studies, No.45 1992, pp. 5-20.

［23］https://accessibility.harvard.edu/.

［24］https://library.harvard.edu/accessibility.

［25］http://ds.adm.u-tokyo.ac.jp/material/pdf/20171017104923.pdf.

［26］https://www.u-tokyo.ac.jp/en/about/numbers.html.

［27］https://www.gov.uk/disabled-students-allowances-dsas.

［28］https://www.disability.admin.cam.ac.uk/building-access-guide

［29］http://www.admin.ox.ac.uk/eop/disab/.

［30］http://www.admin.ox.ac.uk/access/.

［31］http://www.chem.ox.ac.uk/oxfordtour/default.asp.

［32］https://www.bodleian.ox.ac.uk/using/disability.

［33］https://www.sfmta.com/getting-around/accessibility/paratransit.

后　记

2016 年，在中国残疾人联合会指导下，清华大学无障碍发展研究院与辽宁人民出版社达成战略合作。双方以无障碍发展研究院研究成果为核心，以出版物为载体，共同传播无障碍文化，宣传无障碍理念，培育和扶持无障碍领域作者，出版刊行无障碍研究成果，打造国家智库无障碍研究成果传播与出版基地。

出版《国家无障碍战略研究与应用丛书》（第一辑），是双方战略合作的重要组成部分。丛书由清华大学无障碍发展研究院组织国内无障碍领域的科研实践领军人物进行编撰，辽宁人民出版社负责出版发行。丛书以无障碍为主题形成开放型平台，通过无障碍丛书的出版积极推动我国无障碍环境建设的发展，填补我国无障碍教育和研究领域系统出版的空白。目前，该部丛书已入选国家出版基金支持项目和"十三五"国家重点图书出版规划项目。

作为丛书中的一册，《无障碍与校园环境》一书以《通用无障碍北京宣言》作为研究校园无障碍的出发点，从无障碍的理论和实践两方面对涉及校园无障碍的历史、方法、手段以及国内外案例进行了梳理、分析和总结，并对校园无障碍环境建设所面临的课题和挑战做了认真的讨论和探索，最后对我国无障碍环境建设的未来进行了展望。相信本书的出版将对我国校园无障碍环境建设提供借鉴与帮助。

在本书的写作过程中，我们得到了中国残联副主席吕世明的亲切指导。他以残障事业工作者和无障碍设施使用者的双重身份以及对无障碍事业的深刻理解，对本书的写作思路给予了启发，并且身体力行地对清华大学校园无障碍改造工作倾注了大量心血。此外，吕世明副主席还为本书提供了宝贵的照片。

本书由清华大学无障碍发展研究院执行院长邵磊负责总体组织和策划。

在邵磊老师的指导下，由"无障碍与校园环境"课题组成员共同完成。课题组由以下成员组成：清华大学无障碍发展研究院邵磊、孙力扬、原源、丁晨、曲文雍、康尼；北京清华同衡规划设计研究院张琳、潘芳颉。

本书各章节的写作具体分工如下：第一章由邵磊执笔；第二章、第四章、第七章由孙力扬执笔；第三章由张琳、潘芳颉执笔；第五章第一至第四节由原源执笔，第五节由丁晨执笔；第六章由原源、孙力扬执笔。此外，无障碍小专栏一和七由康尼执笔，无障碍小专栏二由曲文雍执笔，无障碍小专栏三和四由孙力扬执笔；无障碍小专栏五由原源执笔，无障碍小专栏六由丁晨执笔；张琳负责全部文稿的整理和草排工作，孙力扬负责最终统稿工作，邵磊老师对全书做了仔细的审阅并定稿。

在本书的前期写作过程中，清华大学无障碍发展研究院和北京清华同衡规划设计研究院的张婧、潘芳颉、丁晨、曲文雍、崔轩、徐秉钧、刘曜（原员工）等也在前期调研、收集资料以及问卷调查的整理和分析过程中投入了大量的时间和精力。北京林业大学的金珊杉同学负责本书第三章、第四章通用图例及插图的绘制工作。

本书在写作过程中查阅了国内外相关领域的大量文献资料，引用借鉴之处在我们力所能及的范围内都做了认真的文献引用说明，谨此对文献作者表示由衷的谢意。本书中的照片基本上由清华大学无障碍发展研究院提供，第二章和第六章中关于女王大学、剑桥大学、牛津大学以及东京大学的校园介绍，部分引用了上述大学官网的照片；关于梅斯的生平还引用了北卡罗来纳州立大学 CUD 网站的照片；福建自强育才无障·爱文化（北京）中心的骆燕和创益行的韩玮提供了苏世民书院的部分照片；天津大学建筑学院教授王小荣提供了"全国无障碍机构第二次圆桌会议"的照片；本书第四章中的通用图例参考了国内外诸多相关资料重新绘制集合而成，在此对上述大学和相关单位表示深深的谢意。

本书得以出版离不开山东省威高集团陈学利董事长、福建省自强助残助学基金会发起人郑声滔教授等长期以来对研究院工作的无私支持，正是他们对残疾人事业的大爱使我们可以心无旁骛地专心于研究，探索无障碍的伟大实践，并努力将无障碍升华为"无障·爱"。

最后特别感谢辽宁人民出版社的赵学良副总编和郭健编审在本书的编辑

出版过程中给予的耐心、包容与理解，并对本书的出版给予关心、理解和支持的所有朋友表示深深的感谢！

　　本书的撰写和编辑过程让我们有机会再次回到了和校内外残障朋友共同交流和共同探讨无障碍事业的一幕幕场景中。残障朋友的期待是我们编写这本书的原动力之一，关于无障碍校园环境建设的系统探讨在我国尚属没有开垦的处女地，我们期待通过本书真挚的思考与探索，与本书的读者以及更多的专家学者碰撞交流出关于无障碍更加灿烂的火花，也更加期待能够为更多的残障朋友走进校园、自由方便地学习生活在校园而尽绵薄之力。

2019 年 4 月